# 苏州古镇保护规划

苏 州 市 规 划 局
苏州市规划编制信息中心 编

中国建筑工业出版社

**图书在版编目（CIP）数据**

苏州古镇保护规划 / 苏州市规划局，苏州市规划编制
信息中心编． —北京：中国建筑工业出版社，2014.10
　ISBN　978-7-112-17223-8

　Ⅰ．①苏…　Ⅱ．①苏…　②苏…　Ⅲ．①乡镇—古建
筑—保护—研究—江苏省　Ⅳ．①TU-87

　中国版本图书馆CIP数据核字(2014)第200062号


责任编辑：费海玲　张幼平
责任校对：陈晶晶　关　健


编委会名单：

主　编：俞杏楠

副主编：凌　鸣　施　旭

编　委：张杏林　冷丽敏　李学智　徐克明　卢　波　钱琴芳　郭雅洁　陈　勇
　　　　冷　勇　左慧敏　周　庆　王　静　徐晓立　孙晓萍　马　新　陈　梅
　　　　查晓冬　席克菲　马俊峰　崔　晗　吴永明　张进军

**苏州古镇保护规划**

苏州市规划局
苏州市规划编制信息中心 　编

\*

中国建筑工业出版社出版、发行（北京西郊百万庄）
各地新华书店、建筑书店经销
晋兴抒和文化传播有限公司制版
北京方嘉彩色印刷有限责任公司印刷

\*

开本：880×1230毫米　1/16　印张：13³/₄　字数：384千字
2016年7月第一版　2016年7月第一次印刷
定价：145.00元
ISBN 978-7-112-17223-8
　　　　　（25989）

# 历史文化名镇分布图

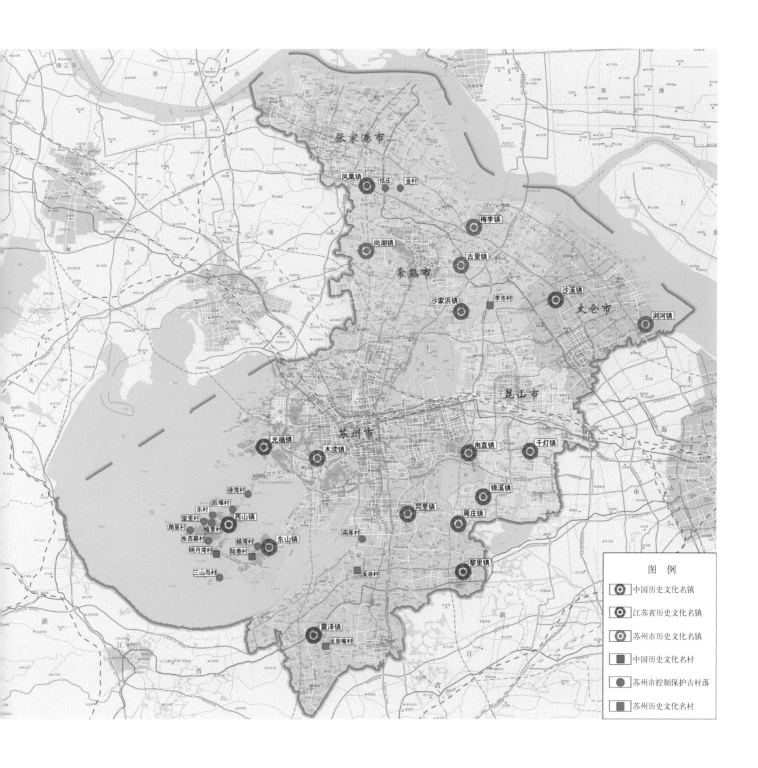

# 序

古镇是地域聚落长期演变形成的、具有传统风貌特色的人居形态。其中，揽江南之胜的古镇以其深邃的历史文化底蕴、古朴的民俗，形成清丽婉约的江南风韵。苏州古镇就是江南古镇形态的典型代表。

苏州古镇数量众多。至今我国陆续公布了六批共252个中国历史文化名镇，其中苏州有13个，约占江苏省的半壁江山。并且在第一批十个古镇中有三个出自苏州，如此高的比例实属罕见。这也从一个侧面窥见苏州保护古镇历史文化价值的重要性。

苏州古镇保护成绩斐然。虽然历经风风雨雨，但古镇保护始终以引领历史遗产保护为导向、探索因地制宜的规划理念和方法为担当，取得了较好的成效。从1986年编制《周庄总体保护规划》伊始提出"保护古镇，开发新区，发展旅游，振兴经济"十六字方针，到陆续开展一大批古镇保护规划与实践，直至目前在"十三五"江浙两省三市"申遗江南水乡古镇"计划中苏州居于牵头地位，足以表明苏州古镇保护走在全国先进行列。

《苏州古镇保护规划》一书就是对30年来苏州古镇保护工作阶段性的总结，该书遴选了15个具有代表性的历史文化古镇规划成果，一定程度上是苏州古镇保护规划理论与实践的一次提炼总结。它较真实地反映了当前苏州古镇保护的现状图景，并且客观地解读了苏州古镇保护的特点。全书汇编的古镇全部为中国历史文化名镇，其中市区8个、昆山3个、常熟2个、张家港1个、太仓1个，以全面展现苏州地区的古镇优秀保护规划作品，对古镇保护规划编制的科学性与有效性的提高具有必要的导向作用。每一个古镇的规划案例介绍文字精练，并附意境深远的古镇照片，保护内容全面，且表现图文并茂。可以说，本书凝聚了为苏州古镇保护工作付出辛苦的所有规划同仁的集体智慧，代表着苏州古镇保护规划编制的质量和风向标。

中央城市工作会议提出要保护好前人留下的文化遗产，在当前转型发展时期保护好古镇的同时，更要保护好江南水乡自然文化环境，是苏州城市发展的一个重要议题。希冀本书的付梓能够为其他城市的城镇建设与发展提供参考与借鉴。尽管影响古镇保护的要素林林总总，但回归本土文化、重赋产业活力、重振文化魅力是古镇复兴的本质内容。简言之，谁的乡愁就是谁的古镇。这也是本书出版的初衷所在。

编委会

2016年1月

# 目录

## 市区

## 市区（吴江）

## 张家港

## 常熟

## 太仓

## 昆山

苏州古镇保护规划

市区

甪直

中国历史文化名镇（第一批）

甪直　水乡晨花（任祝成　摄影）

甪直　红灯笼（苏州市规划局　提供）

甪直地处苏州东部，境内水网交织，土地肥沃，素称五湖之汀（澄湖、万千湖、金鸡湖、独墅湖、阳澄湖）、六泽之冲（吴淞江、清水港、南塘港、界浦港、东塘港、大直港），是典型的江南水乡。

## ■ 一、现状概述

### 1.历史变迁

两千五百年前，吴王阖闾、夫差先后在此建离宫，甪直古镇是以发端。古镇四周皆水，少遭战乱，便捷的水上交通使其成为明清时期苏州东部重要的商品集散地，名冠邻近六镇九乡，是历史悠久、经济发达的典型江南市镇。

### 2.空间格局

甪直地处典型的江南水网地区，古镇滨水而筑，汇水成市，素以河多而密、桥多而奇、宅多而深、河多桥多而闻名。古镇内市河呈"上"字形，河道两侧商铺茶肆、河埠廊棚、深宅大院等建筑应运而生，形成河街并行、桥梁纵横的空间格局，是风貌完整、特色浓郁的江南水乡古镇。

### 3.人文风物

甪直古称淞江甫里，因唐代诗人陆龟蒙隐居于此并号甫里先生而得名。唐代著名雕塑家杨惠之为保圣寺留下的泥塑罗汉更是东方雕塑艺术瑰宝。唐宋以后，甪直成为"士夫之薮"，晚唐名士皮日休、宋代理学家魏了翁、元代画家赵孟頫、明代诗人高启、现代教育家叶圣陶、历史学家顾颉刚等都曾在此寓居、游历、授业。

甪直风物清嘉，民风淳朴。甪直妇女水乡传统服饰是世代相传的独特地方风俗，吴歌民谣等口头文学、打莲湘等传统舞蹈、甪直萝卜等土特名产都是甪直特有的优秀传统文化。

## ■ 二、镇域范围保护

镇域范围辖2个社区、16个行政村，总面积120km²，主要保护镇域文物保护单位、不可移动文物、古树名木等物质文化遗产，分布在村落的非物质文化遗产以及与古镇相关的历史水系。

### 1.物质与非物质文化遗产保护

镇域范围内有各级文物保护单位共15处43个点。镇域非物质文化遗产保护项目有国家级1项，市级2项，区级1项。第三次全国文物普查中登记的非物质文化遗产项目有20项。

甪直古镇形态历史演变图

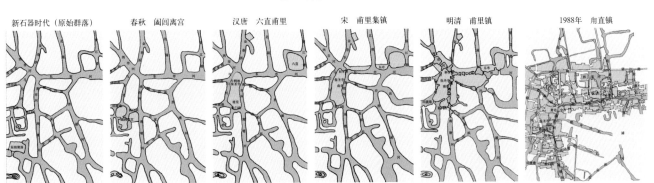

| 新石器时代（原始群落） | 春秋 阖闾离宫 | 汉唐 六直甫里 | 宋 甫里集镇 | 明清 甫里镇 | 1988年 甪直镇 |

## 甪直古镇镇域文物保护单位

| 级别 | 名称 | 地址 | 时代 |
|---|---|---|---|
| 国保 | 保圣寺罗汉塑像（包括天王殿、经幢） | 马公场弄保圣寺 | 唐宋 |
| 省保 | 大觉寺桥 | 车坊办事处大姚村 | 宋代 |
| 市保 | 陆龟蒙墓 | 保圣寺西院 | 唐代 |
| 市保 | 萧氏旧宅 | 中市上塘街8号 | 清光绪十五年（1889年） |
| 市保 | 沈柏寒旧宅 | 西汇上塘街23号 | 清代 |
| 市保 | 叶圣陶执教旧址 | 保圣寺西院内 | 近现代 |
| 市保 | 张陵山遗址 | 镇西南2km处张陵山 | 新石器时代 |
| 市保 | 甪直镇水道驳岸及古桥—中美桥 | 甪直影剧院前 | 宋代 |
| 市保 | 甪直镇水道驳岸及古桥—东美桥 | 东市塔弄西北，北港西南 | 明成化二十一年（1485年） |
| 市保 | 甪直镇水道驳岸及古桥—兴隆桥 | 南市牛场弄之南 | 明代 |
| 市保 | 甪直镇水道驳岸及古桥—寿昌桥 | 镇最南端 | 明代 |
| 市保 | 甪直镇水道驳岸及古桥—广济桥 | 电话弄口 | 明万历十五年（1547年） |
| 市保 | 甪直镇水道驳岸及古桥—正阳桥 | 古镇最南端 | 明代 |
| 市保 | 甪直镇水道驳岸及古桥—太平桥 | 东市严大房之南 | 明代 |
| 市保 | 甪直镇水道驳岸及古桥—环璧桥 | 西市金安桥西侧 | 明万历末年（1620年） |
| 市保 | 甪直镇水道驳岸及古桥—通俗桥 | 界浦港北端与东市河交汇处 | 明万历四十七年（1619年） |
| 市保 | 甪直镇水道驳岸及古桥—凤阳桥 | 塔弄北口东50m处 | 明崇祯元年（1628年） |
| 市保 | 甪直镇水道驳岸及古桥—众安桥 | 中市街蜡烛弄口 | 明代 |
| 市保 | 甪直镇水道驳岸及古桥—寿仁桥 | 西市玄坊庙口 | 清乾隆年间 |
| 市保 | 甪直镇水道驳岸及古桥—进利桥 | 西汇上塘街东端与中市街相接处 | 清乾隆年间 |
| 市保 | 甪直镇水道驳岸及古桥—环玉桥 | 中美桥南堍东侧 | 明崇祯元年（1628年） |
| 市保 | 甪直镇水道驳岸及古桥—寿康桥 | 南栅厂滩头附近，南昌桥南100m | 清康熙年间 |
| 市保 | 甪直镇水道驳岸及古桥—香花桥 | 保圣寺山门正前方 | 清乾隆年间 |
| 市保 | 甪直镇水道驳岸及古桥—今鼎桥 | 西汇河东段 | 清乾隆年间 |
| 市保 | 甪直镇水道驳岸及古桥—交会桥 | 北港南口 | 清乾隆年间 |
| 市保 | 甪直镇水道驳岸及古桥—永福桥 | 南市下塘吉家浜西口 | 清雍正十四年（1736年） |
| 市保 | 甪直镇水道驳岸及古桥—南昌桥 | 王家浜南20m | 清雍正十四年（1736年） |
| 市保 | 甪直镇水道驳岸及古桥—大通桥 | 古镇西端 | 明成化十九年（1483年） |
| 市保 | 甪直镇水道驳岸及古桥—金安桥 | 金巷浜南口 | 清代 |
| 市保 | 甪直镇水道驳岸及古桥—凤凰桥 | 思安浜南口 | 清乾隆年间 |
| 市保 | 甪直镇水道驳岸及古桥—万安桥 | 眠牛泾浜西口 | 清乾隆年间 |
| 市保 | 甪直镇水道驳岸及古桥—福民桥 | 南市上塘街衙门浜东端 | 明代 |
| 市保 | 甪直镇水道驳岸及古桥—依仁桥 | 南厂滩头 | 晚清 |
| 市保 | 甪直镇水道驳岸及古桥—三元桥 | 中市上塘三官弄口 | 明万历四十二年(1614年) |
| 市保 | 甪直镇水道驳岸及古桥—华阳桥 | 东市上塘街衙望江口 | 清乾隆年间 |
| 市保 | 甪直镇水道驳岸及古桥—驳岸 | 甪直历史镇区河道 | 明代 |
| 市保 | 澄湖遗址 | 车坊办事处澄墩、大姚村 | 新石器时代 |
| 市保 | 万盛米行旧址 | 甪直镇南市上塘街54号 | 清代 |
| 市保 | 沈家祠堂 | 直镇万盛米行旧址西 | 清代 |
| 市保 | 沈宽夫老宅 | 甪直镇西汇上塘街16号 | 明清 |
| 市保 | 赵宅 | 甪直镇东市上塘街207号 | 清代、民国 |
| 市保 | 沈家弄沈宅 | 甪直镇东市下塘沈家弄3号 | 民国 |
| 市保 | 沈氏旧居（王韬纪念馆） | 甪直镇南市下塘街6号 | 清代 |

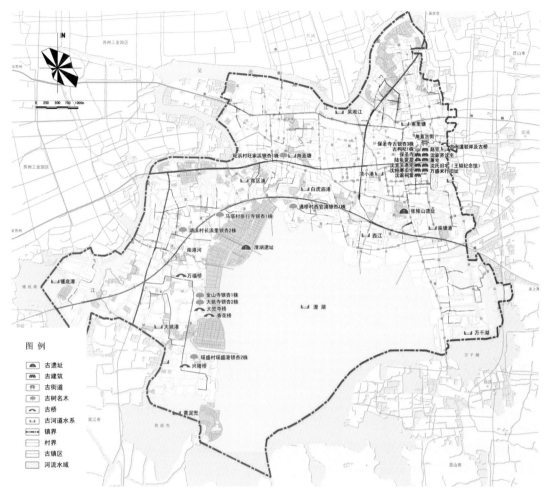

角直古镇镇域历史文化遗产分布图

**非物质文化遗产代表性项目**

| 名称 | 级别 | 类别 | 所在地点 |
|---|---|---|---|
| 角直水乡妇女服饰 | 国家级 | 民俗 | 保圣社区 |
| 连湘 | 市级 | 传统舞蹈 | 保圣社区 |
| （宣卷）角直宣卷 | 市级 | 曲艺 | 保圣社区 |
| 角直萝卜传统制作技艺 | 区级 | 传统技艺 | 保圣社区 |

**2. 历史水系环境保护**

规划保护的历史水系有澄湖、万千湖、吴淞江、界浦河、石泾港、清水港、甫里塘、张林塘、角直浦、镇底潭、黄泥兜、大姚塘等。

**3. 总体保护策略**

继续贯彻实施"保护古镇，发展新区"的空间策略，在镇域范围内协调与古镇保护相关的用地、人口和基础设施等。

保护水乡历史风貌，改善人居环境，控制古镇容量。新镇区要在空间和风貌上与历史镇区协调，与周边自然环境融合，体现江南水乡城镇新特色。

加强古镇对外交通联系，避免过境交通设施对古镇历史风貌的破坏。

## ■ 三、历史镇区保护

主要保护古镇整体格局与历史风貌、各级文物保护单位和历史建筑、古桥驳岸等历史环境要素，以及传统艺术和民俗等非物质文化遗产。分两个层次：历史镇区和历史文化街区。

### 1.历史文化街区范围

以古镇东市河、西市河、中市河、南市河、西汇河两侧河街空间与建筑院落为主，纵深20～100m，南至南市河南昌桥以南，西至西市河环壁桥、西汇河永宁桥，东至东市河正阳桥，面积15.0hm$^2$，其中镇域内面积13.5hm$^2$。

### 2.历史镇区范围

南至南昌桥、吉家浜、石家湾一线，北至金桩浜、思安浜、凌家溇一线，西至马公河，东至育才路中段、正阳桥一线，面积62.7hm$^2$，其中镇域内用地为57.5hm$^2$。

## ■ 四、空间格局保护

### 1.街巷空间保护

古镇内需要保护的重要传统街巷为市河两侧、街坊内部的传统街巷，以及通向公共河埠头的街巷空间。

保护传统街巷两侧的沿街界面，保持街巷原有空间尺度不变，不得随意拓宽街巷及改变街巷铺地传统形式与材质；修缮改善两侧历史风貌建筑，保持外观历史风貌特征，按历史风貌和建筑形式进行保护性修复与整治；重点整治与历史风貌不协调的一般建筑，按历史风貌和建筑形式进行整治或改建。

### 2.河道空间保护

古镇内需要保护的河道为以市河为主的河道及其两侧主要特色界面、河埠、驳岸、系船石等历史环境要素。

保护河道的历史线形及走向，保护河道两侧古驳岸、埠头、桥头等各类滨水空间，尤其保护河道两侧公共与私家河埠头的多样性，保护临水街巷的绿化植被，形成丰富的沿河景

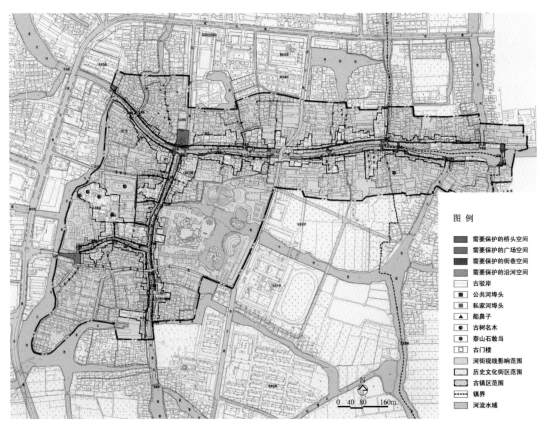

角直古镇历史镇区空间格局保护规划图

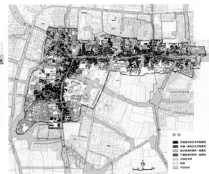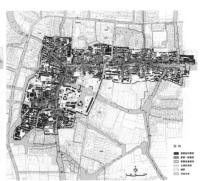

角直古镇建筑历史功能分析图　　　　　角直古镇现存建筑风貌分析图　　　　　角直古镇现存建筑质量分析图

观。保持河道水体的清洁。

加强对河道两侧建筑的保护与整治。保护历史风貌建筑，整治与历史风貌不协调的一般建筑，重在保持历史风貌的完整性，建筑风格为传统样式，建筑控高1～2层，建筑色彩以黑、白及冷灰色系为主色调。

**3.开放空间保护**

桥头开放空间：重点保护与整治正阳桥、华阳桥等桥头空间，保护"三步两桥"、"桥挑庙"、"庙挑桥"、"桥挑桥"等独特桥头景观。整治桥梁周边建筑风貌，桥堍部分清理景观环境并增加铺地和休憩设施。

广场开放空间：整治角端广场、角直剧院前文化广场。采用传统材料铺砌广场，保留原有古树及大型乔木，增加绿化及游憩设施，整治周边建筑风貌。

沿河开放空间：保护与整治沿河滨水开放空间，主要分布在市河两侧，整治其周边建筑，保护原有公共河埠头，保持原有空间的开放性，保留高大乔木并增加休憩设施。

**4.环境风貌保护**

古镇整体环境风貌的特色在于"上"字形河街并行的格局，沿市河及西汇河两侧是主要景观视廊，桥梁是标志性的节点景观。

古镇重要观景点为正阳桥、太平桥、东美桥、广济桥、环玉桥、环璧桥、中美桥、三元桥、香花桥、进利桥、永宁桥、南昌桥。严格控制相邻桥梁间的视线通廊，保护与整治两侧建筑与滨水空间。

# ■ 五、建筑高度控制

1.保护修缮文物建筑、历史建筑，维持其原高。

2.历史文化街区内，建筑控高为1～2层，一层建筑檐口高度≤3m，二层建筑檐口高度≤5.4m。

3.除历史文化街区范围之外的其他历史镇区内，建筑控高为2层，二层建筑檐口高度≤6m。

4.古镇内主要视线通廊包括正阳桥、太平桥等相邻桥梁之间的河街空间，河街视线所及范围内，建筑控高为2层，二层建筑檐口高度≤5.4m。

5.以上地区出现重叠时，按最低的建筑高度控制。

# ■ 六、文物古迹保护

### 1.文物保护单位

镇域范围内有各级文物保护单位15处。

建设控制地带控制要求：修缮改善区内历史风貌建筑，严格控制一般建筑和新建建筑的

**B1**

| 编号 | B1 | 现状平面 | 现状照片 | 现状概况 |
|---|---|---|---|---|
| 名称 | | | | 使用性质：商业、居住 |
| 位置 | 西汇下塘街39号 | | | 建筑面积：591m² |
| 保护等级 | 历史建筑 | | | 层数：一至二层 |
| 时代 | 清代 | | | 占地面积：351m² |

现状概况：两进院落，格局、风貌基本完整，临街为商铺
保护引导：修缮历史建筑，清理院落环境，改善居住条件

**B2**

| 编号 | B2 | 现状平面 | 现状照片 | 现状概况 |
|---|---|---|---|---|
| 名称 | | | | 使用性质：商业、居住 |
| 位置 | 稻香弄10号 | | | 建筑面积：164m² |
| 保护等级 | 历史建筑 | | | 层数：一至二层 |
| 时代 | 清代 | | | 占地面积：226m² |

现状概况：风貌格局完整，院落有部分破损，临街改为商铺
保护引导：修缮历史建筑，改善居住环境

**B3**

| 编号 | B3 | 现状平面 | 现状照片 | 现状概况 |
|---|---|---|---|---|
| 名称 | | | | 使用性质：居住 |
| 位置 | 花香弄10号 | | | 建筑面积：396m² |
| 保护等级 | 历史建筑 | | | 层数：二层 |
| 时代 | 清代 | | | 占地面积：299m² |

现状概况：风貌格局完整，院落有部分破损，现闲置
保护引导：修缮历史建筑，改善居住环境

**B4**

| 编号 | B4 | 现状平面 | 现状照片 | 现状概况 |
|---|---|---|---|---|
| 名称 | | | | 使用性质：展示 |
| 位置 | 南市下塘街62号 | | | 建筑面积：1121m² |
| 保护等级 | 历史建筑 | | | 层数：一至二层 |
| 时代 | 清代 | | | 占地面积：1688m² |

现状概况：两进两落院落，风貌格局完整，典型江南民居样式建筑
保护引导：定期维修历史建筑

**B5**

| 编号 | B5 | 现状平面 | 现状照片 | 现状概况 |
|---|---|---|---|---|
| 名称 | | | | 使用性质：居住 |
| 位置 | 寺浜弄13号 | | | 建筑面积：235m² |
| 保护等级 | 历史建筑 | | | 层数：二层 |
| 时代 | 清代 | | | 占地面积：140m² |

现状概况：风貌格局完整，典型江南民居样式建筑，入口就精美砖雕门楼，内饰有精美木构件
保护引导：修缮历史建筑，改善居住环境

**B6**

| 编号 | B6 | 现状平面 | 现状照片 | 现状概况 |
|---|---|---|---|---|
| 名称 | | | | 使用性质：居住 |
| 位置 | 寺浜弄11号 | | | 建筑面积：295m² |
| 保护等级 | 历史建筑 | | | 层数：一至二层 |
| 时代 | 清代 | | | 占地面积：338m² |

现状概况：格局、风貌基本完整
保护引导：修缮历史建筑，清理院落环境，改善居住条件

**B7**

| 编号 | B7 | 现状平面 | 现状照片 | 现状概况 |
|---|---|---|---|---|
| 名称 | | | | 使用性质：商业、居住 |
| 位置 | 中市上塘街32号 | | | 建筑面积：239m² |
| 保护等级 | 历史建筑 | | | 层数：一至二层 |
| 时代 | 清代 | | | 占地面积：181m² |

现状概况：格局、风貌基本完整，沿街有商铺
保护引导：修缮历史建筑，清理院落环境，改善居住条件

**B8**

| 编号 | B8 | 现状平面 | 现状照片 | 现状概况 |
|---|---|---|---|---|
| 名称 | | | | 使用性质：居住 |
| 位置 | 中市上塘街30号 | | | 建筑面积：484m² |
| 保护等级 | 历史建筑 | | | 层数：一至二层 |
| 时代 | 清代 | | | 占地面积：530m² |

现状概况：三进院落，格局、风貌基本完整，建筑内饰精美
保护引导：修缮历史建筑，清理院落环境，改善居住条件

**B9**

| 编号 | B9 | 现状平面 | 现状照片 | 现状概况 |
|---|---|---|---|---|
| 名称 | | | | 使用性质：商业 |
| 位置 | 中市下塘街13号 | | | 建筑面积：341m² |
| 保护等级 | 历史建筑 | | | 层数：一至二层 |
| 时代 | 清代 | | | 占地面积：256m² |

现状概况：两进院落，风貌格局比较完整，已修缮
保护引导：定期维修历史建筑

**B10**

| 编号 | B10 | 现状平面 | 现状照片 | 现状概况 |
|---|---|---|---|---|
| 名称 | | | | 使用性质：居住 |
| 位置 | 中市下塘街珠宝里4-8号 | | | 建筑面积：474m² |
| 保护等级 | 历史建筑 | | | 层数：一至二层 |
| 时代 | 清代 | | | 占地面积：384m² |

现状概况：两进院落，风貌格局比较完整
保护引导：修缮历史建筑，清理院落环境，改善居住条件

甪直古镇历史建筑保护档案

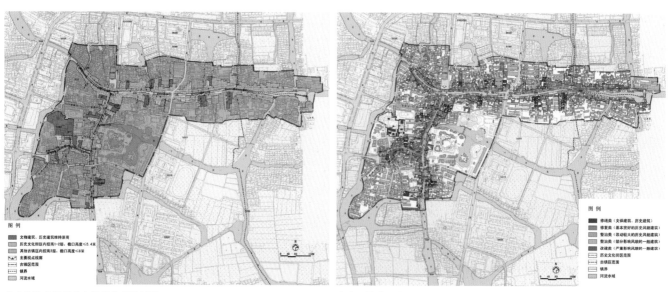

甪直古镇建筑高度与视廊控制规划图　　　甪直古镇建筑遗产保护规划图

风貌，使之与文物古迹协调。区内建筑控高为2层，二层建筑檐口高度≤6m。

### 2.登记不可移动文物

镇域范围内新发现并登记不可移动文物28处，其中6处已公布为第六批苏州市级文物保护单位。

### 3.历史建筑

**甪直古镇历史镇区历史建筑**

| 名称或地址 | 时代 | 建筑结构 | 建筑面积(m²) | 占地面积(m²) | 名称或地址 | 时代 | 建筑结构 | 建筑面积(m²) | 占地面积(m²) |
|---|---|---|---|---|---|---|---|---|---|
| 西汇下塘街39号 | 清代 | 砖木 | 591 | 351 | 东市思安浜1号 | 清代 | 砖木 | 378 | 627 |
| 稻香弄10号 | 民国 | 砖木 | 164 | 226 | 东市上塘街174号 | 清代 | 砖木 | 239 | 395 |
| 花香弄10号 | 清代 | 砖木 | 396 | 299 | 东市上塘街161号 | 清代 | 砖木 | 705 | 590 |
| 南市下塘街62号 | 清代 | 砖木 | 1121 | 1688 | 东市上塘街宋家弄1-2号 | 清代 | 砖木 | 656 | 590 |
| 寺浜弄13号 | 清代 | 砖木 | 235 | 140 | 东市上北港14号 | 清代 | 砖木 | 364 | 193 |
| 寺浜弄11号 | 清代 | 砖木 | 524 | 596 | 东市下塘街戴家弄1-2号 | 清代 | 砖木 | 678 | 869 |
| 中市上塘街32号 | 清代 | 砖木 | 295 | 338 | 东市下塘86号 | 清代 | 砖木 | 544 | 821 |
| 中市上塘街30号 | 清代 | 砖木 | 484 | 530 | 东市下塘街糖坊里9-14号 | 清代 | 砖木 | 741 | 945 |
| 中市下塘13号 | 清代 | 砖木 | 341 | 256 | 东市下塘街正阳里1-2号 | 清代 | 砖木 | 824 | 742 |
| 中市下塘街珠宝里4-8号 | 清代 | 砖木 | 474 | 384 | | | | | |
| 中市下塘街众安里1-9号 | 清代 | 砖木 | 453 | 310 | | | | | |

## 七、历史环境要素保护

### 1.古桥梁

重点保护市河上28处列为文物保护单位的古桥梁，坚持"不改变原状"的修缮原则，沿用桥梁历史名称。对历史风貌不完整的古桥梁要按照原样修复，包括不符合风貌要求的材料、栏杆形式、市政管线等。

### 2.古驳岸

结合街巷及河道空间的整治，保护市河两侧古驳岸，采用原有旧材料、原有传统工艺修缮河道驳岸。保持两侧公共河埠头和私家河埠头形式的多样性，保护驳岸两侧现存的缆船石、滴水口、旧石栏杆等特色构件，形成丰富的河岸景观。

### 3.古树名木

严格保护镇域内登记在册的18株古树名木。不得砍伐树木，古树周围10m内不得新增建筑物，周边用地改造时，尽量留出绿地等开放空间。

### 4.其他历史环境要素

应以传统材料及工艺维修现存的古门楼、保护街巷各处的泰山石敢当等特色构件。

## 八、非物质文化遗产保护

### 1.保护项目

甪直镇非物质文化遗产代表性项目共4项。第三次文物普查中登记的非物质文化遗产项目有20项：打连湘、民乐二胡、喜娘、箍桶制作技艺、做道场、放料子经、看风水、宰蛇缠、水乡服饰缝制、庙会、吴歌、宣卷、篾匠制作技艺、民乐笛子、放火疸、去鱼骨、海棠糕制作技艺、粽子糖制作技艺、衡器制作、南瓜糕蒸制技艺，主要分布在淞南村、淞港村、淞浦村、甫南村、古镇保圣社区。

### 2.保护要求

坚持政府主导，社会参与，贯彻"保护为主、抢救第一、合理利用、传承发展"的方针；加强非物质文化遗产的普查和申报工作，建立完善国家、省、市、区四级保护名录体系，进一步增加非物质文化遗产保护项目的数量；将非物质文化遗产的保护传承与物质文化遗产保护与利用有效结合起来，相互促进，推动非物质文化遗产的有效传承。

# 九、历史文化遗产的展示利用

### 1.文物古迹展示利用

文物建筑主要为名人纪念地展示，包括叶圣陶执教旧址纪念叶圣陶、清风亭斗鸭池纪念陆龟蒙、沈柏寒旧居纪念沈柏寒、沈氏旧居纪念王韬、萧氏旧居纪念萧芳芳、海藏梅花墅纪念许自昌。

保圣寺强调保护各个历史时期的真实遗存，包括唐代罗汉、经幢、古柏，宋代建筑柱础，明代古钟与天王殿，民国古物馆等。

### 2.历史街区展示利用

保护传统商业和手工业，大力扶持老字号，规划集中在西汇、南市、中市、东市等地段，鼓励经营各类名优地方特产。突出展示地方传统技艺，包括衡器制作、水乡服饰缝制、箍桶、篾匠、木匠制作等传统手工技艺以及海棠糕、粽子糖、萝卜干、南瓜糕等传统饮食技艺。

### 3.传统民俗展示利用

传统民俗演艺展示主要包括水乡妇女服饰表演、打连湘、唱吴歌、甪直宣卷、农事活动等，集中在甪端广场、文化广场、保圣寺绿地、江南文化园、水乡农具博物馆等开放空间处。

结合节庆与古镇重大活动，恢复有意义的传统民俗活动，包括城隍庙会、传统婚礼等，进一步烘托名镇历史文化氛围。

### 4.历史资源标识系统

恢复和沿用街巷、桥梁的历史名称，建立街巷、古桥的标识介绍铭牌。

甫里八景主要通过设置标识展示，强化现存的"西汇晓市"、"鸭沼清风"、"长虹漾月"景点；结合海藏梅花墅文化园的新建，恢复"海藏钟声"景点；对难以恢复的"吴淞雪浪"、"浮屠夕照"、"莲阜渔墩"、"分署清泉"历史景观，分别在大通桥、塔巷、正阳桥、衙门浜等处设置标识和说明。

# 十、旅游发展规划

### 1.古镇旅游景点规划

强化和恢复"甫里旧八景"中的西汇晓市、鸭沼清风、海藏钟声、长虹漾月四处历史景点，新增古镇溯源、老宅寻秀、名家遗踪、廊桥闲情、双桥述古、长街水巷、塔弄探幽、眠牛绿波八处"甫里新八景"，以及市河上28座古桥、保圣寺、叶圣陶纪念馆、叶圣陶墓、陆龟蒙墓、萧氏旧宅、沈柏寒旧宅、沈宽夫老宅、赵宅、水乡农具博物馆、万盛米行旧址、王韬纪念馆、清风甪直文化园、江南文化园等。

### 2.古镇陆上游线规划

由古镇景区主入口处的游客中心起，经古镇溯源—西汇晓市—保圣寺—叶圣陶纪念馆—鸭沼清风—沈柏寒旧居—廊桥闲情—萧氏旧宅—双桥述古—长街水巷—长虹漾月—海藏钟声—塔弄探幽—王韬纪念馆—众安桥—万盛米行—进利桥—西汇下塘街形成环线。

### 3.古镇水上游线规划

西汇河—南市河—中市河—西市河—东市河的水上环线。在甪端广场、沈柏寒旧居、万盛米行、江南文化园、萧氏旧宅、广济桥、海藏梅花墅等处设置游船码头。

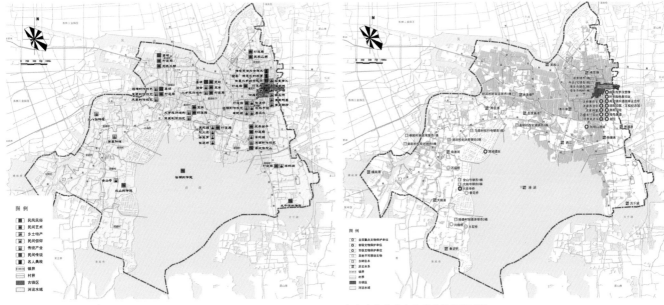

角直古镇非物质文化遗产保护规划图　　　　　　　　　　角直古镇物质文化遗产保护规划图

### 4.镇域旅游规划

古镇文化旅游区。以角直古镇为核心，以遗产旅游为主线，进一步挖掘古镇历史文化景点资源，空间上由西向东拓展，开辟东市、海藏梅花墅等新旅游景点。

生态农庄休闲区。以淞南村全国农业旅游示范区为核心，利用水网、林木、滨江湿地等生态资源，发展传统农业种植、现代农业示范、花卉苗木观赏、家禽水产养殖、农家特色餐饮、农家生活体验等乡村旅游项目。

水乡田园体验区。以澄湖西北沿岸水网密集的乡村地区为核心，以体验原生态水乡生活风貌、生产方式与生活习俗为主题，将旅游与澄北村、澄墩村、姚盛村的特色村庄建设结合起来，发展水八仙养殖等特色水乡渔业体验、金山寺庙会活动、澄湖遗址农业景观等旅游项目。

滨湖休闲度假区。以澄湖东岸景观岸线为核心，突出湖滨休闲主题，对环湖局部岸段进行亲水性改造，增设景观休闲步道，布置高尔夫球场、休闲垂钓、商务度假、游艇俱乐部、水上竞技等休闲度假设施。利用角直港等干网河道，开辟澄湖与吴淞江、古镇的水上游览路线。

# ■ 十一、用地调整规划

### 1.功能定位

具有典型水乡风貌、适宜人居和旅游的江南水乡名镇。

### 2.用地规划范围

西、北分别至晓市路，南至振兴路、寿昌桥、北尖浜一线，东至界浦港、正阳桥、望江一线，面积93.1hm²。其中镇域内面积86.3hm²，北港以东张浦镇辖内面积为6.8hm²。

### 3.用地布局调整

居住用地：区内以居住功能为主，居住建筑根据分类采取相应保护与整治措施，降低建筑密度，改善市政设施，提高居民生活质量；增加的居住用地主要分布在角直中学以东地块。

商业用地：完善晓市路、达圣路两侧镇区商业服务；完善江南文化园、清风角直文化园沿街商业布局；新增旅游服务用地包括古镇入口牌坊以南、保圣寺以北角直小学、南市上塘

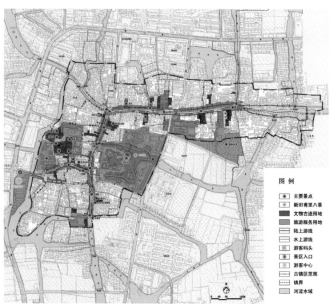

用直古镇旅游景点游线规划图

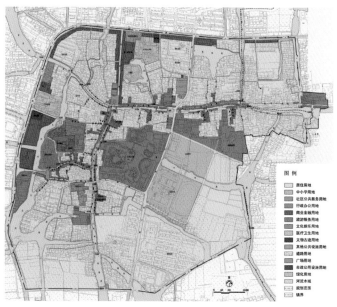

用直古镇用地布局规划图

### 用直古镇规划范围用地统计表

| 类别代号 | | 用地类别名称 | 现状 | | 规划 | |
|---|---|---|---|---|---|---|
| | | | 面积（hm²） | 比例（%） | 面积（hm²） | 比例（%） |
| R2 | | 居住用地 | 76.8 | 65.6 | 93.5 | 67.7 |
| 其中 | R21 | 住宅用地 | 66.43 | 56.8 | 82.65 | 59.7 |
| | Rcj | 中小学用地 | 9.97 | 8.5 | 9.65 | 7.0 |
| | Rcz | 社区服务用地 | 0.4 | 0.3 | 1.2 | 0.9 |
| C1 | | 行政办公用地 | 1.91 | 1.7 | 0.43 | 0.3 |
| C2 | | 商业金融用地 | 16.5 | 14.1 | 24.62 | 17.7 |
| 其中 | C21 | 商业用地 | 7.54 | 6.4 | 5.7 | 4.1 |
| | C27 | 旅游服务用地 | 8.96 | 7.7 | 18.92 | 13.6 |
| C3 | | 文化娱乐用地 | 0.46 | 0.4 | 0.55 | 0.4 |
| C5 | | 医疗卫生用地 | 0.68 | 0.6 | 1.33 | 1.0 |
| C7 | | 文物古迹用地 | 1.39 | 1.2 | 2.98 | 2.2 |
| C9 | | 其他公共设施用地 | 0.16 | 0.1 | 0.05 | 0.1 |
| M | | 工业用地 | 4.17 | 3.6 | 0 | 0 |
| W | | 仓储用地 | 0.73 | 0.6 | 0 | 0 |
| U | | 市政公用设施用地 | 0.33 | 0.3 | 0.46 | 0.3 |
| S | | 道路广场用地 | 11.32 | 9.7 | 12.07 | 8.6 |
| G | | 绿化用地 | 2.49 | 2.1 | 2.53 | 1.8 |
| | | 建设用地 | 116.94 | 100 | 138.52 | 100 |
| E1 | | 水域 | 17.02 | | 17.31 | |
| E2 | | 闲置地 | 21.87 | | 0 | |
| | | 规划用地 | 155.83 | | 155.83 | |

街粮站、用直中学以东海藏梅花墅文化园。

其他公共设施用地：保留晓市路、达圣路两侧行政办公、医疗卫生、文化娱乐等用地；文物建筑与历史建筑划为文物古迹用地，鼓励其利用为文化展示、社区服务、旅游景点；广播站调整为文体活动中心。

工业、仓储用地：搬迁规划范围内所有工厂、仓库，置换为商业、居住及旅游服务用地；南市上塘街粮站调整为旅游服务用地，育才路南段东方压铸厂调整为居住用地，广宁桥北鑫华装饰材料厂调整为社区公共服务用地。

## ■ 十二、建筑控制要求

### 1.文物与历史建筑的保护

文物建筑修缮要坚持"不改变原状"的原则。历史建筑修缮要最大程度地保护有价值的历史信息，不得随意改变和破坏原有建筑物的布局、结构和装修。

### 2.历史风貌建筑的改善

历史风貌建筑重在保持建筑原有格局、体量和外在历史风貌，对其建筑内部加以调整改善，完善市政设施，提高使用质量。针对质量很差或风貌大部分已被改动的历史风貌建筑，应按传统风貌和建筑形式进行修复。

### 3.一般建筑的整治要求

一般建筑的整治重在调整其建筑样式、高度、体量及色彩。按其对古镇历史风貌的影响程度实行分类处置。

### 4.新建建筑的控制要求

新建建筑的屋顶形式一般为双坡，建筑体量宜小不宜大，建筑体量要保持和优化原环境的空间与肌理，建筑色彩以黑、白等传统建筑主要色彩及冷灰色系为主色调。历史镇区内新建建筑控高2层，二层建筑檐口≤6m，历史文化街区内二层建筑檐口≤5.4m。

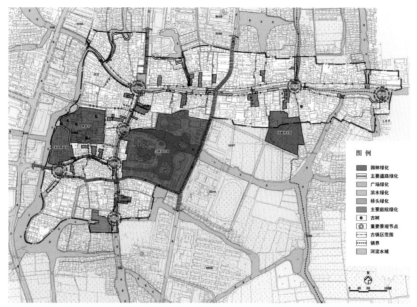

图 例

■ 园林绿化
■ 主要道路绿化
■ 广场绿化
■ 滨水绿化
■ 桥头绿化
■ 主要庭院绿化
◎ 古树
◎ 重要景观节点
⬚ 古镇区范围
⋯⋯ 镇界
■ 河流水域

角直古镇绿化与景观规划图

# 十三、绿化景观规划

## 1.绿化规划

古树名木：保护镇域在册古树名木。

园林绿化：完善强化保圣寺、清风角直文化园、江南文化园、海藏梅花墅内园林绿化。

道路绿化：沿育才路、达圣路及正源路设置，以单株乔木为主。

广场绿化：在角直剧院文化广场、角端广场设置绿化，强化广场开放空间。

滨水绿化：沿市河、西汇河两侧的沿河开放空间设置有江南水乡特色的景观树种，保留沿河现有15年以上树龄的乔木。

桥头绿化：结合桥头开放空间，种植单株乔木，界定空间并提供休憩场所。

庭院绿化：结合文物古迹和历史建筑的保护，整治其庭院空间景观环境；提高居民的生态意识，提倡居民对各自的庭院进行自赏绿化布置。

## 2.节点景观

重点强化角端广场、南昌桥、胜利桥、万安桥、环玉桥、东美桥、正阳桥7处景观节点。

其中角端广场为古镇入口节点，强化入口空间的标识性氛围。南昌桥、万安桥、环玉桥节点为双桥景观节点，整治桥头周边建筑环境，控制桥头眺望市河的视线廊道。胜利桥、环玉桥、东美桥节点为河道交叉口空间，强化桥梁、码头与河道的空间关系。正阳桥为古镇东侧镇界标志性节点，整治桥头周边建筑环境。

## 3.线性景观

保护并强化西汇河以及市河组成的"上"字形骨架的河街空间景观，对河街两侧建筑高度和尺度的严格控制；保护水体环境不受污染，保护河道两侧原有古驳岸、河埠头、缆船石、滴水口等构件。

## 4.环境设施

古镇内传统街巷两侧广告、招牌以匾额形式设置，不得凌空设置标识破坏街巷空间尺度。空调机、太阳能热水器等设施不得裸露设置在沿街立面及街巷视线所及范围。街巷铺地恢复原有石板或麻石街面。古镇内指示牌、座椅、垃圾箱等环境设施的色彩不宜鲜艳，宜用原木、石材等自然材料。

编制单位：苏州科大城市规划设计研究院

角直 悠悠水远（苏州市规划局 提供）

角直 春之甫里（苏州市规划局 提供）

苏州
古镇
保护规划

市区

木渎

中国历史文化名镇（第二批）

木渎　山塘街（沈铮泓　摄影）

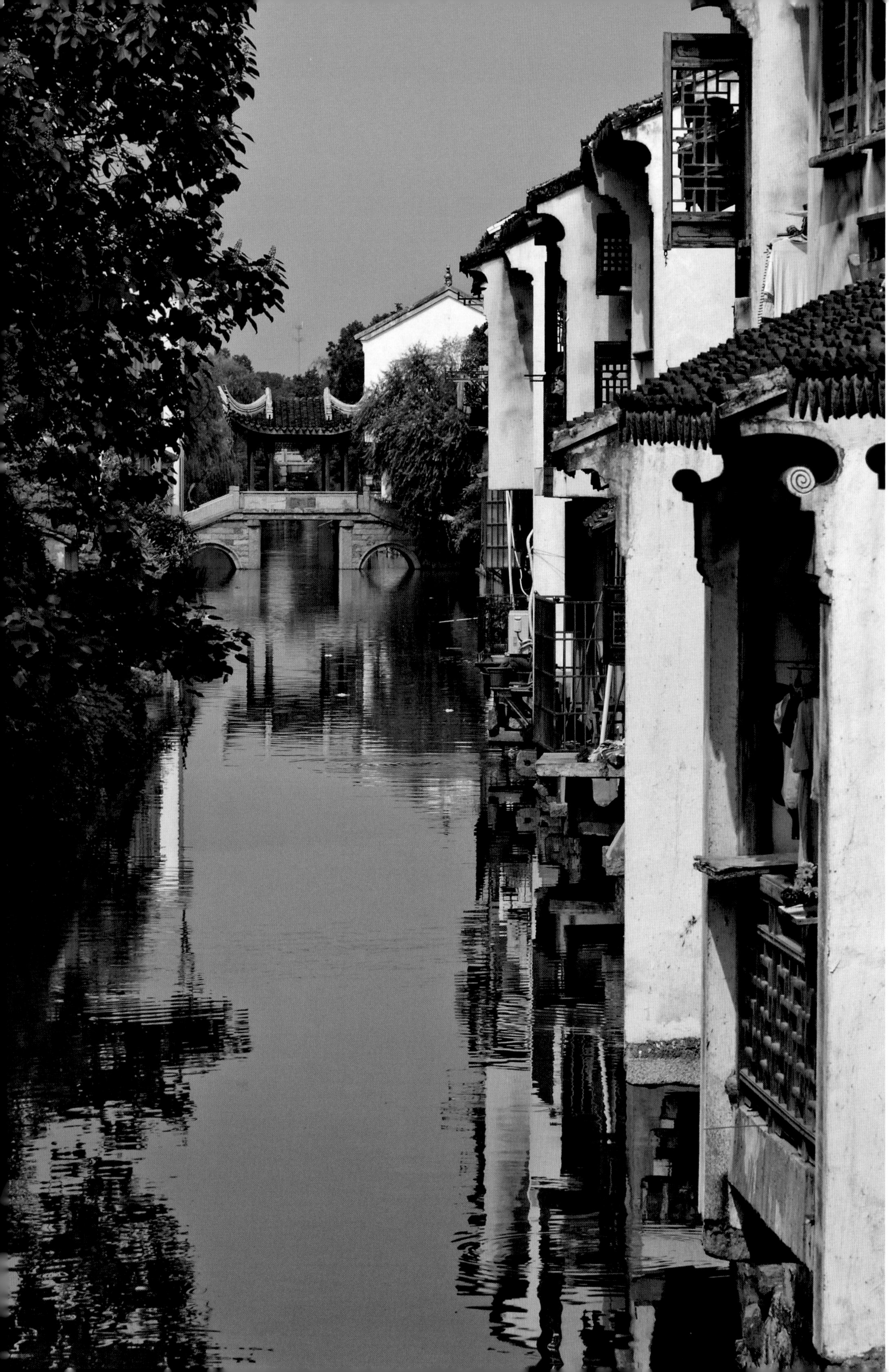

木渎　小桥流水人家（缪克强　摄影）

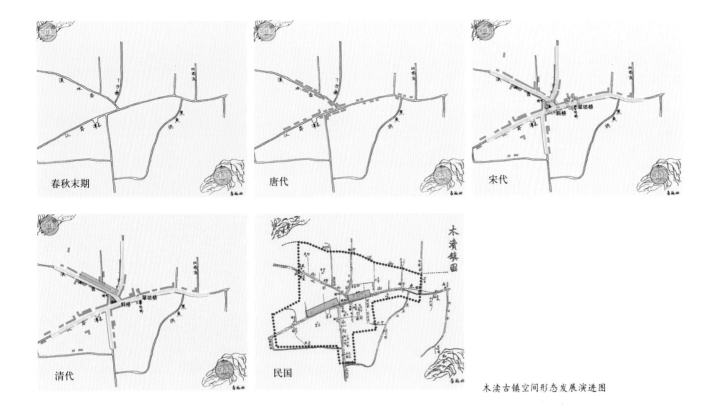

木渎古镇空间形态发展演进图

木渎是一个拥有二千五百多年历史的江南名镇，其建筑文化、家族文化、官宦文化以及传统戏曲艺术、诗歌绘画艺术、木雕石雕等传统技艺极具传承和科学研究价值。2001年被列为江苏省历史文化名镇，2005年被确定为中国历史文化名镇。

# ■ 一、历史文化与价值

### 1. 经济繁华商埠、商贾云集之所、物资集散之处

木渎商业历来称胜。明清时木渎已是一个大集镇，为吴县西南部各乡镇的物资集散地，民国时期发展成为苏州胥门外的繁华商埠。

### 2. 锦绣江南的风景游览区、园林之镇

木渎四周群山拱峙，既得真山真水之趣，又具小桥流水之幽，更有私家园林、名人故居等众多人文古迹。据统计，明清两代木渎境内有融居住和休闲功能于一体的宅第园林三十余处，其中仅历史镇区就多达14处。

### 3. 古镇整体格局与风貌保存尚好

现有的河网水系和街巷格局仍是宋代建镇时的产物，传统建筑则以清末民初为多。依山而筑，傍水而居，其独特的格局为江南诸多古镇少有。

### 4. 文物古迹、历史建筑保存较多

木渎有着丰富的历史文化积淀，经国家批准的文物保护单位有24处，其中1处为国家级文物保护单位，3处为省级文物保护单位。

### 5. 古镇人文荟萃、名人辈出

著名人物有范仲淹、袁遇昌、朱碧山、陆子冈、杨基、吴宽、徐枋、汪琬、叶燮、沈德潜、毕沅、冯桂芬、叶昌炽，以及近现代沈寿、唐纳、严家淦、王为一等。他们或土生土长，或长期寓居，给古老的木渎增添了浓郁的人文气息。

**6.地方文化艺术优秀灿烂，传统工艺地域特色浓郁**

有丝绸、双面绣、红木雕件、澄泥砚、书画、石雕、砖雕等传统手工艺品，有乌米饭、青团子、蕨菜、马兰头、石家饭店名菜"肺汤"、乾生元糕糖、藏书羊肉等地方特色小吃，有堂名、打莲湘、木渎船歌等说唱艺术，还有"猛将会"、"庙场汛"、"上真观庙会"等地方传统活动。

# 二、历史文化名镇保护

### 1.保护内容

保护与名镇历史文化密切相关的自然环境、河流、山体及其空间格局，保护历史镇区、物质文化遗产点、非物质文化遗产等。

### 2.保护措施

结合总体规划修编，优化镇域独特的水乡空间格局。注重保护与名镇历史文化密切相关的自然环境、河流、山体及空间格局。

合理调整镇区总体布局，优化镇区空间结构；大力优化镇区综合交通。

合理调整镇域产业布局。在保护自然生态环境基础上，发展生态、休闲旅游产业，优化提升产业结构，淘汰落后及高耗能产业，合理调整镇域内产业布局，促进木渎历史文化名镇的全面发展。

加强生态保护。将生态理念渗透到古镇保护、建设和管理中，凸显丰富山水资源，建设生态良好、自然与人文和谐的名镇。

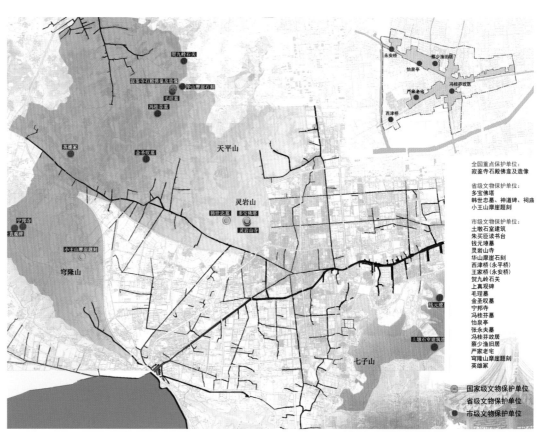

木渎古镇镇域文物古迹分布图

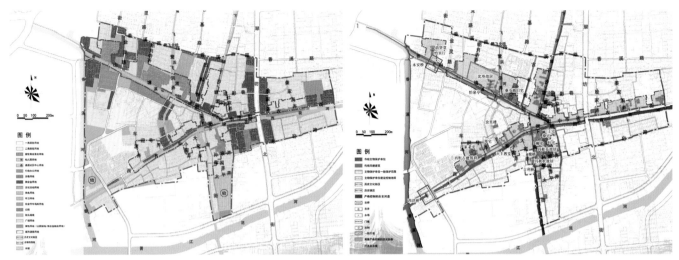

木渎古镇镇区用地规划图　　　　　　　　　　　　木渎古镇镇区保护规划总图

# ■ 三、历史镇区保护

### 1. 历史镇区范围

北到香溪路，东至乾生源，南至胥江运河，西至香溪河，总面积约90.94hm²。

### 2. 保护内容

保护历史镇区的整体空间环境，包括街巷格局和传统风貌。

保护历史镇区内的文物古迹，其中市级文物保护单位7处，传统风貌建筑58处等。

保护与历史镇区风貌有密切关系的河道、驳岸、街巷、铺地、民居、寺庙、墓葬、古桥、古塔、古井、古树等历史环境要素。

保护历史镇区内居民生活方式和习俗，保护地方特色方言及其他非物质文化遗产。

### 3. 保护要求及措施

#### 1）保护要求

延续历史镇区空间格局和传统风貌，严格保护构成历史镇区传统风貌的各个要素。

重点加强对历史文化街区和文物保护单位的保护。

采取整体保护、局部恢复、整治环境、有效利用等方式，加强对历史镇区内历史河道的保护。

历史镇区道路系统要保持或延续原有的历史格局，对富有特色的街巷应保持原有的空间尺度和界面。

历史镇区内各类建设应加强控制，需新、改、扩建的建筑必须在建筑高度、体量、饰面材料以及建筑色彩、尺度、比例上与历史镇区风貌协调，以取得与历史文化街区的合理空间过渡。建筑形式宜为坡屋顶，色彩以传统建筑的黑、白、灰为主色调，体量宜小不宜大，严格控制建筑高度和密度，凡不符合此要求的既有建筑，必须加以整治。

注重对非物质文化遗产的保护。重点对　肺汤制作技艺、乾生元枣泥麻饼制作技艺、吴氏疗疗、木渎刺绣等列入保护名录的非物质文化遗存进行保护。

#### 2）保护措施

优化历史镇区用地结构，改善历史镇区功能。

控制历史镇区容量，积极改善基础设施和历史镇区环境。

优化历史镇区交通结构，改善非机动车和步行系统；控制机动车在历史镇区内的出行；

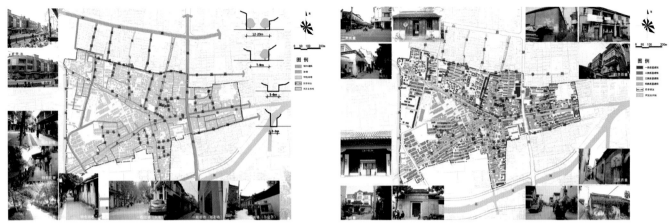

木渎古镇街巷空间现状图　　　　　　　　　　　　　　　　木渎古镇现状建筑质量图

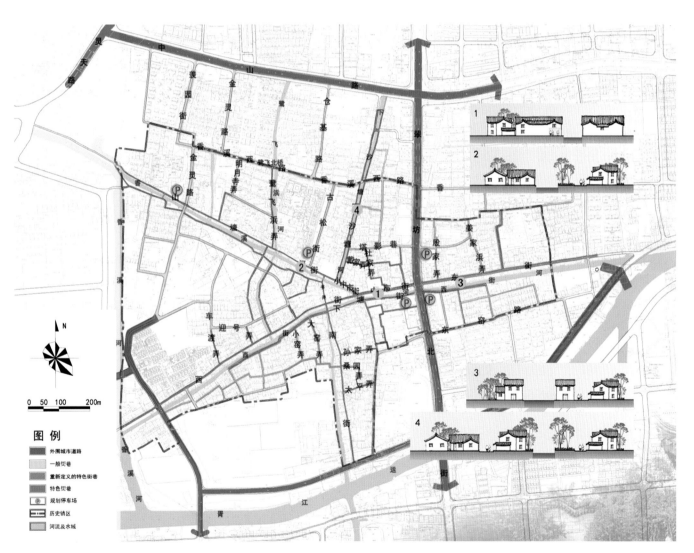

木渎古镇街巷空间规划图

截流、疏解、限制穿过性机动车交通，在历史文化街区和历史镇区周边设置停车设施；逐步建立历史文化街区范围内的步行区域。

旅游与其他活动不得破坏传统文化、风貌、格局，不得污染、破坏环境和水系，并防止无序和过度开发。

# ■ 四、历史文化街区保护

### 1.历史文化街区

北到严家花园北墙，东至乾生源，南至东窑路，西以西津桥为界，包括山塘街、下塘街、下沙塘、西街和南街等沿河沿街地区以及塔影巷、中市街、双桥等传统风貌较为集中地段，总面积约21.12hm²。

### 2.保护措施

严格对文物保护单位进行保护并对其周边环境进行整治。

调整街区用地结构，疏解街区人口容量，改善街区基础设施。

保护山塘街、中市街、西街、南街、下塘街、下沙塘、书弄、邾巷弄、毛家弄、孙家弄、桑园弄、太平弄、大窑弄、小窑弄、老园上、沈埠弄、迎号弄、车渡弄、塔影弄、杜家弄、戴家弄、鹭飞浜弄、明月寺弄、姜家浜弄、殷家弄等街巷原有的空间尺度：沿山塘街、中市街、西街、南街两侧建筑高度与街巷宽度之比控制在1∶0.8～1∶1之间，建筑层数为2层或1层（建筑第一层层高3.0m左右，第二层层高2.5～2.8m）；沿下沙塘、书弄、邾巷弄、毛家弄、孙家弄、桑园弄、太平弄、大窑弄、小窑弄、老园上、沈埠弄、迎号弄、车渡弄、塔影弄、杜家弄、戴家弄、鹭飞浜弄、明月寺弄、姜家浜弄、殷家弄两侧建筑高度与街巷宽度之比控制在3∶1～1∶1之间。

保护并恢复木渎镇特有的沿河街市，包括中市街的传统商业街市景观和下沙塘河、西街河、南街等沿河沿街传统居住景观，保护山塘街边的御道、御码头、中市街河边的廊棚、斜桥、王家桥桥头广场等空间节点，提升人们体验木渎古镇传统风貌的主要通道的历史氛围。

坚持保护为主，采取修缮、维修、整治相结合的原则，严格控制街区内建设，不能随意改变现状建筑用途及新建建筑，不得大拆大建，以假代真。

非物质文化遗产的保护坚持"合理利用、传承发展"的方针，利用文保、传统风貌建筑、传统街巷空间以及新开辟部分公共开场空间为载体，成为非物质遗存文化展示、科学研究、旅游观光的空间场所。

# ■ 五、历史文化遗存保护

### 1.文物保护单位保护

镇域内有各级文物保护单位24处，按两级进行保护控制：保护范围和建设控制地带。

**木渎古镇文物保护单位**

| 名称 | 时代 | 地点 | 公布日期 | 名称 | 时代 | 地点 | 公布日期 |
|---|---|---|---|---|---|---|---|
| 寂鉴寺石殿佛龛及造像 | 元代 | 天池山藏书镇 | 全国重点保护单位 | 灵岩寺 | 宋至民国 | 灵岩山 | 市级文物保护单位 |
| 多宝佛塔 | 宋代 | 灵岩山 | 省级文物保护单位 | 华山摩崖石刻 | 元至清 | 藏书镇 | 市级文物保护单位 |
| 韩世忠墓、神道碑、祠庙 | 南宋 | 灵岩山西南 | 省级文物保护单位 | 西津桥（永平桥） | 明清 | 镇西街梢 | 市级文物保护单位 |
| 小王山摩崖题刻 | 1927～1937年 | 穹隆山东南 | 省级文物保护单位 | 王家桥（永安桥） | 明弘治十年（1497年） | 山塘街严家花园前 | 市级文物保护单位 |
| 土墩石室建筑 | 西周 | 七子山 | 市级文物保护单位 | 贺九岭石关 | 明代 | 藏书镇 | 市级文物保护单位 |
| 朱买臣读书台 | 汉代 | 藏书镇 | 市级文物保护单位 | 上真观碑 | 明代 | 藏书镇 | 市级文物保护单位 |
| 钱元璙墓 | 五代 | 七子山九龙坞 | 市级文物保护单位 | 毛墓 | 明代 | 藏书镇 | 市级文物保护单位 |

| 名称 | 时代 | 地点 | 公布日期 | 名称 | 时代 | 地点 | 公布日期 |
|------|------|------|----------|------|------|------|----------|
| 金圣叹墓 | 清代 | 藏书镇 | 市级文物保护单位 | 冯桂芬故居 | 清代 | 木渎镇 | 市级文物保护单位 |
| 宁邦寺 | 清代 | 藏书镇 | 市级文物保护单位 | 蔡少渔旧居 | 清末 | 木渎镇 | 市级文物保护单位 |
| 冯桂芬墓 | 清代 | 藏书镇 | 市级文物保护单位 | 严家老宅 | 清、民国 | 木渎镇西街 | 市级文物保护单位 |
| 怡泉亭 | 清代 | 殷家弄，现迁至山塘街 | 市级文物保护单位 | 穹隆山摩崖题刻 | 清、民国 | 穹隆山风景区内 | 市级文物保护单位 |
| 张永夫墓 | 清代 | 镇山塘街 | 市级文物保护单位 | 英雄冢 | 民国 | 藏书镇 | 市级文物保护单位 |

**2.传统风貌建筑的保护**

保护历史镇区内有69处传统风貌建筑的风貌和建筑结构形式，根据其历史文化价值和完好程度进行针对性保护。

**3.历史文化环境要素的保护**

**1）保护内容**

除文物古迹、历史建筑之外，保护构成历史风貌的围墙、石阶、铺地、街巷、驳岸、古井、古树等。

**2）保护要求**

对木渎古镇富有传统特色的山塘街、中市街等街巷在保持原有空间尺度的基础上，采用传统的路面材料和铺砌方式进行整修。禁止在传统街巷中进行任何破坏街巷的空间连续性、改变街巷空间尺度的建设活动。禁止在其中建设大体量建筑或采用不协调的建筑形式。

对已遭破坏的西街河南北两侧及原遂初园西侧街巷进行重点整治，恢复其传统风貌尺度，根据街巷历史信息，重新定义街巷空间，在街巷整治过程中必须保留有价值的、能体现典型木渎特点的重要历史信息，整治后的形式必须与周边街巷的空间尺度、比例、建筑形式、景观环境相协调，并保持历史镇区肌理的连续性。街巷（弄）两侧建筑高度与街巷宽度之比控制在4：1～1：1之间为宜；宜采用传统的材料和形式铺砌路面。

保护现存13座古桥梁，保持其古意。新建桥梁要体现江南水乡传统风貌，尽量使用原材料。保护沿河码头、河埠。

保护古井及其附属物，整治周边环境卫生，保护水体不受污染。公共水井结合街道开放空间，形成景观节点。私家水井结合庭院空间加以保护整治。

保护与古镇历史发展密切相关的香溪河、西街河（古胥江）、下沙塘等历史河道。加强对河道沿线的码头、河埠头、驳岸的修缮；疏浚、整治河道，改善水质，增加绿化，加强历史镇区景观塑造，延续历史文脉。

保持河道空间关系，保持其形式的多样性以及与沿河建筑的空间关系。历史河道两岸建筑檐口高度不宜超过6m，体量宜小，使沿河建筑高度与河面宽度保持宜人的比例尺度，并应保持沿河建筑的特色，体现"小桥流水"、"人家枕河"的幽美景观。

保护古树名木8棵，建立古树名木的分级保护制度。

**4.非物质文化遗产的保护**

**1）保护内容**

传承和发扬木渎古镇悠久历史逐渐形成的优秀灿烂的地方文化、传统工艺、民风习俗等，包括传统手工艺、饮食文化、说唱文化、庙会等。

**2）保护措施**

坚持"合理利用、传承发展"的方针，采取有力措施，使非物质文化遗产在全社会得到确认、尊重和弘扬；在有效保护的前提下合理利用，防止对非物质文化遗产的误解、歪曲和滥用。

## 木渎古镇重要桥梁名录

| 名称 | 时代 | 地点 | 备注 |
|---|---|---|---|
| 永安桥 | 明（弘治十年） | 山塘街西，严家花园前 | 市级文物保护单位 |
| 王家桥 | | | |
| 西施桥 | | | |
| 鹭飞桥 | | | |
| 虹桥 | 宋代 | | 清道光年间重修，"虹桥晚照"为木渎十景之一 |
| 蔡家桥 | | | |
| 斜桥 | 宋（皇祐四年） | 西街与中市街相交处 | 现桥梁为1975年10月改建，"斜桥分水"为木渎十景之一 |
| 东安桥（邾巷桥） | 清（康熙年间） | 铢巷弄口 | 现桥梁为1975年4月改建 |
| 西安桥（西桥） | 清（康熙年间） | | 现桥梁为1976年7月改建 |
| 小日辉桥 | | | |
| 廊桥 | 清末民初 | | |
| 吉利桥 | | | |
| 西津桥 | 明（万历年间） | 镇西街梢 | 现桥梁为清同治十三年重建，"西津望月"为木渎十景之一 |

民国《木渎小志》：晋江东流过木渎，有西津、西安、东安、醋坊、崇祯五桥。有香溪九里十三桥之谚:谓自斜桥西北有虹桥、王家桥、方家桥、胡家桥、石马桐桥……皆跨香水溪也

## 木渎历史镇区有历史文化价值的重要资源

| 名称 | 类别 | | 地址 | 措施 |
|---|---|---|---|---|
| 明月寺 | 历史建筑 | 寺庙 | 镇山塘街 | 修复 |
| 严家花园 | 历史建筑 | 宅第 | 镇山塘街 | 修缮 修复 |
| 古松园 | 历史建筑 | 宅第 | 镇山塘街 | 修复 |
| 榜眼府第 | 历史建筑 | 宅第 | 镇下塘街 | 修缮 修复 |
| 虹饮山房 | 历史建筑 | 宅第 | 镇山塘街 | 修复 |
| 遂初园 | 历史建筑 | 宅第 | 镇东街 | 修复 |
| 盘隐草堂 | 历史建筑 | 园林 | 镇山塘街 | 整治 |
| 余里楼 | 近代历史 | 建筑 | 镇西街 | 修缮 |
| 石家饭店 | 近代历史 | 建筑 | 镇中市街 | 整治 |
| 古御道、御码头 | 遗迹 | | 镇山塘街 | 修缮修复 |
| 怡泉亭 | 文物保护单位 | 古亭、古井 | 镇山塘街 | 修缮 |
| 下塘河棚 | 河棚 | | 镇下塘街 | 修复 |
| 王家桥（永安桥） | 文物保护单位 | 古桥 | 山塘街、严家花园前 | 修缮 |
| 西津桥 | 文物保护单位 | 古桥 | 镇西街、苏州铁塔厂前 | 修缮 |
| 斜桥、邾巷桥 | 推荐列入文物保护单位 | 古桥 | 中市街、香溪与晋江交汇处 | 整治 |
| 虹桥 | 古桥 | | 山塘街、书弄巷口 | 修缮 |
| 西安桥、小日晖桥、廊桥、吉利桥、太平桥 | 推荐列入文物保护单位 | 古桥 | 南街五桥、（由北向南排列） | 修缮 |
| 姜窑小教堂 | 历史建筑 | 教堂 | 小窑弄10号 | 修缮 |
| 冯秋农故居 | 传统民居 | | 南街43号 | 修缮 |
| 其他较典型的传统民居 | 历史建筑 | 传统民居 | 下塘街1－8号；下沙塘7－18号；南街7号、17号、24－28号；西街62－78号、88号、112－140号；东街7－11号、43－57号、83－97号；中市街46－49号、52号 | 修复 |

继承和弘扬优秀的地方文化艺术，保护具有地方特色的传统工艺、民风民俗等口述和其他非物质文化遗产。保护现存较完好的文化空间本体，如老字号店铺、寺庙、名人故居等；为保护非物质遗存提供文化展示、科学研究、旅游休闲的空间场所。

保护和恢复木渎古镇街巷、桥梁等的历史名称。

开展非物质文化遗产普查工作，加强非物质文化遗产代表作传承人的培养。

### 木渎非物质文化遗产代表作名录（统计至2011年12月30日）

| 项目名称 | 类别 | 级别 | 保护单位 | 当前传承人 |
|---|---|---|---|---|
| 金山石雕 | 传统技艺 | 省级 | 木渎镇文体中心/<br>金山石雕协会 | 省级：何根金<br>市级：吴福云 |
| 藏书澄泥石刻 | 传统技艺 | 省级 | 木渎镇文体中心 | 省级：蔡金兴 |
| 木渎石家 肺汤制作技艺 | 传统技艺 | 省级 | 木渎镇石家饭店 | 市级：居永泉 |
| 乾生元枣泥麻饼制作技艺 | 传统技艺 | 省级 | 木渎镇文体中心/苏州乾生元食品有限公司 | 市级：郏勤 |
| 木渎堂名 | 戏曲 | 市级 | 木渎镇文体教育服务中心 | 市级：顾再欣 |
| 藏书羊肉制作技艺 | 传统技艺 | 市级 | 木渎镇文体中心/藏书羊产业管理委员会 | |
| 吴氏疗疗 | 传统医药 | 市级 | 木渎镇文体中心/木渎吴氏疗科 | |
| 穹窿山上真观庙会 | 民俗 | 市级 | 穹窿山景区开发有限公司 | |
| 木渎刺绣 | 传统技艺 | 区级 | 木渎镇文体中心/姚建萍刺绣艺术馆 | 国家级：姚建萍 |
| 苏式砖雕技艺 | 民间美术 | 区级 | 东山镇文体中心/木渎镇文体中心<br>潘志慎艺术石刻社/苏州钱氏砖雕有限公司 | |
| 苏州明式家具制作技艺 | 传统技艺 | 区级 | 光福镇文体中心/穹窿山景区开发有限公司<br>吴中博雅古艺家具厂/吴中紫檀阁工艺品厂 | |
| 穹窿山乌米饭制作技艺 | 传统技艺 | 区级 | 穹窿山景区开发有限公司 | |

## ■ 六、建筑高度、视廊、界面控制

### 1.建筑高度控制

文物古迹保护范围，即所有文物建筑保护范围内保持原状，维持建筑原高；传统风貌建筑维持原高。

历史文化街区内新建建筑高度控制为一至二层的坡顶建筑，以传统民居高度为控制依据：一层檐口高度≤3m，二层檐口高度≤5.8m，屋脊总高度≤6.5m。

历史镇区内的新建居住建筑，控制建筑檐口高度≤9m，建筑最高高度≤12m；历史镇区内的新建公共服务设施及其他建筑檐口高度≤12m，建筑最高高度≤15m。

### 2.视廊控制

严格控制姑苏十二娘风情园对灵岩山的景观廊道；严格控制各园林内制高点对灵岩山景观廊道；控制古镇主要桥头节点、路口对灵岩山的视廊。对所有关系视线廊道的建筑、街巷、整治项目，必须对视线廊道作个案专题研究。

### 3.界面控制

严格控制山塘街两侧、书弄、中市街、南街、西街及东街的界面，控制界面的建筑体量、色彩、高度、连续性和风貌的协调统一等。

## ■ 七、展示与利用

### 1.文物保护单位的展示与利用

鼓励文物保护单位的多功能使用，建立各类博物馆、专业展示馆、名人纪念馆、故居陈列室，成为古镇文化活动场所、参观游览场所、景观节点、地域的标志性元素，鼓励恢复文物原有使用功能。

## 2.传统风貌建筑展示与利用

除建立博物馆或者辟为参观游览场所外，尽量建立为古镇居民使用的文化活动场所，或恢复传统风貌建筑的历史使用功能。

属于私有住房的传统风貌建筑，鼓励传统风貌建筑增加现代生活功能，原有建筑结构不动，局部修缮，重点对建筑内部加以调整改造，配备厨卫等基础设施，改善居民生活质量，寓保护于利用，以利用促保护。

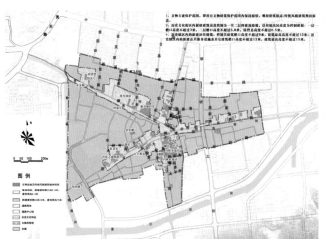

木渎古镇建筑高度控制图

木渎古镇视廊控制图

木渎古镇建筑保护整治模式图

| 项 目 | 历史街区 | | | 历史镇区（已包括历史街区部分） | | |
|---|---|---|---|---|---|---|
| | 建筑面积（万m2） | 建筑基底面积（万m2） | 基底面积比例（%） | 建筑面积（万m2） | 建筑基底面积（万m2） | 基底面积比例（%） |
| 修缮建筑 | 0.45 | 0.39 | 4.29% | 0.45 | 0.39 | 1.11% |
| 修复建筑 | 6.35 | 4.6 | 50.55% | 6.74 | 4.94 | 14.07% |
| 整治和更新建筑 | 7.03 | 3.77 | 41.43% | 43.94 | 21.69 | 61.78% |
| 整治或改造、改建 | 0.69 | 0.34 | 3.74% | 17.76 | 8.09 | 23.04% |
| 合计 | 14.52 | 9.10 | 100.00% | 68.89 | 35.11 | 100.00% |

**木渎古镇建（构）筑物保护与整治模式统计表**

| 项 目 | 历史街区 | | | 历史镇区（包括历史街区部分） | | |
|---|---|---|---|---|---|---|
| | 建筑面积<br>（万m²） | 建筑基底面积<br>（万m²） | 基底面积比例<br>（%） | 建筑面积<br>（万m²） | 建筑基底面积<br>（万m²） | 基底面积比例<br>（%） |
| 修缮建筑 | 0.45 | 0.39 | 4.29% | 0.45 | 0.39 | 1.11% |
| 修复建筑 | 6.35 | 4.6 | 50.55% | 6.74 | 4.94 | 14.07% |
| 整治和更新建筑 | 7.03 | 3.77 | 41.43% | 43.94 | 21.69 | 61.78% |
| 整治或改造、改建 | 0.69 | 0.34 | 3.74% | 17.76 | 8.09 | 23.04% |
| 合计 | 14.52 | 9.10 | 100.00% | 68.89 | 35.11 | 100.00% |

### 3.非物质文化遗产的展示与利用

#### 1)重点传承和发扬木渎古镇悠久传统工艺

包括金山石雕、藏书澄泥石刻、苏绣、"乾生元"糕糖制作、石家肺汤制作工艺、苏式砖雕技艺、"藏书羊肉"制作、苏州明式家具制作技艺等。规划建议保留现有的姑苏十二娘风情园、"乾生源"老字号、石家饭店、瀚海楼民间收藏馆、明清古瓷馆等展示平台，同时沿古镇主要街巷结合传统风貌建筑的保护，展示石雕、石刻、苏绣、明式家具等传统手工艺。

#### 2)挖掘地方传统文化艺术，展示木渎古镇的说唱文化

主要为堂名、木渎船歌等，规划建议借助部分传统书场的恢复，结合水上游览线路展示木渎说唱文化。

#### 3)传统中医文化

规划建议利用位于山塘街34号的吴氏老宅设置展示吴氏疗科传统中医文化的小型博物馆。

#### 4)恢复部分地方传统

系列活动如穹窿山"上真观"庙会"猛将会"、"庙场汛"等，既丰富当地居民精神生活，又有助于旅游产品的开发。

## ■ 八、绿化景观规划

1.庭院绿化：提高居民的生态意识，整治庭院空间环境，提倡各庭院自行绿化布置，提高庭院绿化率。

2.街头绿化：提高现有沿河、沿街小绿地的品质，利用现有空地、公共开放空间或拆除

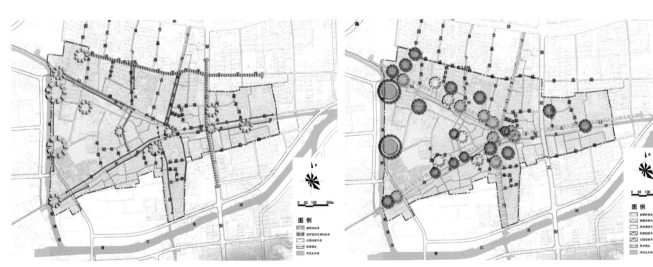

木渎古镇绿化系统规划图　　　　　　　　　木渎古镇空间景观规划图

的违章搭建，形成小型街头绿地，丰富历史镇区的绿化景观。

3.沿河绿化：利用沿河的狭小空间穿插一些小的绿化，以丰富历史镇区的线型绿化系统格局。

4.植物配置：注重历史镇区内树种和其他植物的搭配，多种植地方传统树种和花木，营造与历史镇区相宜的绿化氛围。

# ■ 九、空间景观规划

## 1.空间结构

规划形成一区、四轴、多节点的空间结构。一区即木渎历史文化街区，由文物古迹、历史建筑物、构筑物及其风貌环境所组成的历史镇区，集中体现了木渎古镇的文化价值，延续了历史文脉。四轴即沿西街河(古胥江)、香溪河、走马塘及下沙塘等历史河道形成的古镇历史发展轴。多节点即街巷交汇节点、历史遗迹节点、私家园林节点、公园绿地节点。

## 2.公共空间规划

保护并强化传统街巷沿河道的线性公共活动空间，使其成为非物质文化遗产展示与传承的场所。

### 1）桥头开放空间

规划主要布局在斜桥、虹桥、西施桥、郏巷桥、蔡家桥、廊桥、西安桥－小日辉桥、永安桥（王家桥）、西津桥等桥头。进一步整治桥头周边环境，增加公共服务设施，

### 2）遗迹开放空间

主要有明月寺节点、古御道御码头节点、姜窑小教堂节点等，供游人参观、居民文化活动使用。

### 3）巷弄交汇开放空间

进一步整治历史镇区内大小街巷交汇处的开放空间，形成具有古镇特色的小型公共活动区域。

### 4）古井周边开放空间

重点整治历史镇区内公共古井开放空间。

### 5）街巷开放空间

保护历史镇区内街巷原有空间尺度，维持变化丰富的道路断面和界面；挖掘现存街巷的空间保护价值，区别化制定各条巷弄空间的保护要求。

### 6）滨水开放空间

街巷临河的后退空间或开阔的埠头、码头等对完善历史镇区的空间类型体系、充分展示木渎古镇独特的传统空间格局具有重要意义。

### 7）绿地开放空间

主要有胥江社区绿地、香溪河沿线绿化公园、香溪社区绿地、香苑、西津桥畔绿地、东窑村绿地节点等。

规划编制单位：苏州规划设计研究院

木渎  虹饮山房

木渎  灵岩雪韵（江峰  摄影）

苏州
古镇
保护规划

市区

东山

中国历史文化名镇（第五批）

东山　三山岛（胡君涛　摄影）

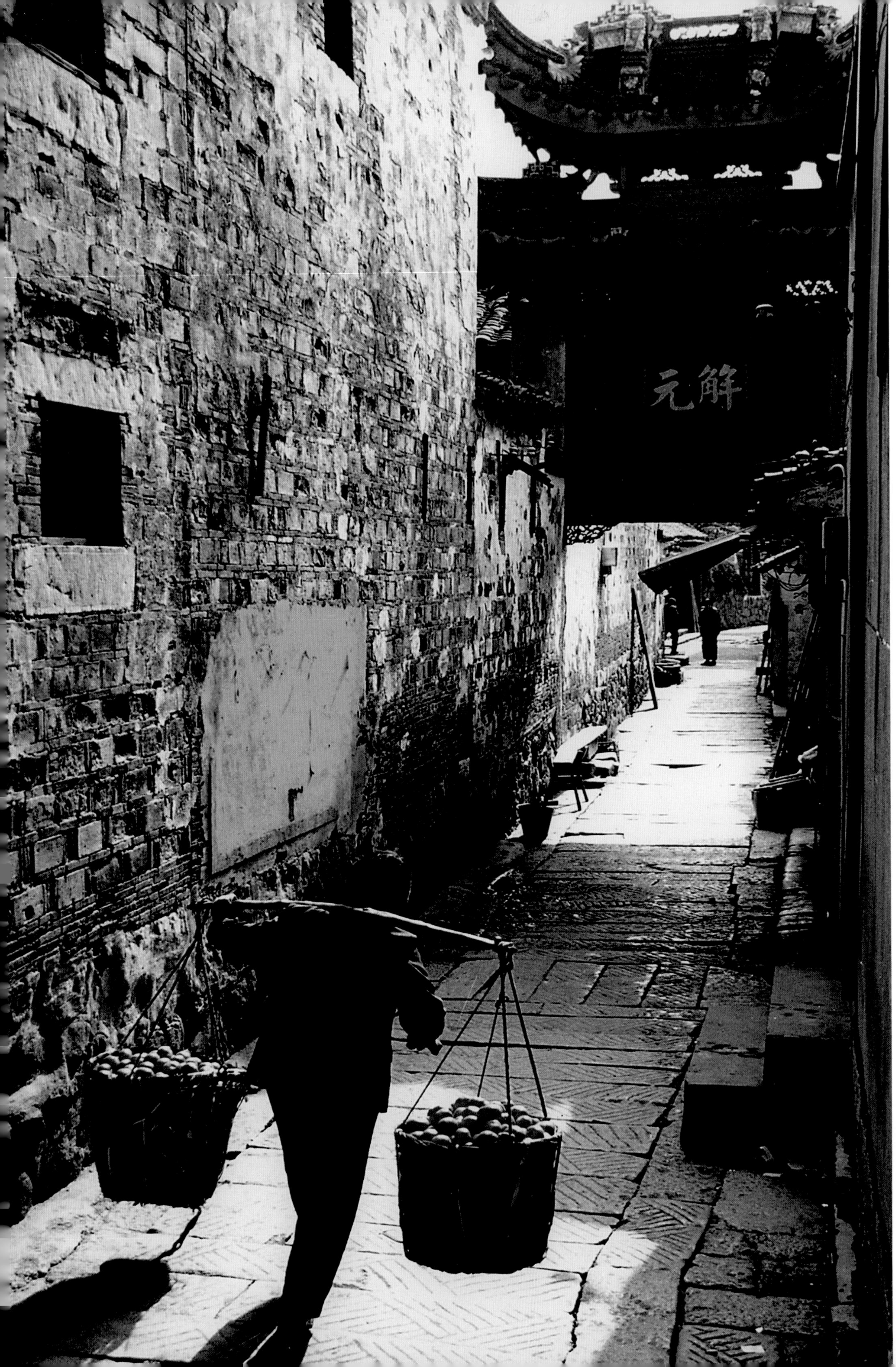


东山　收橘季节（唐家鸿　摄影）

洞庭东山简称东山，古称"胥母"，亦称"莫厘"，位于长江下游南岸太湖东部的一个半岛上，距苏州市西南40公里。东山三面临湖，一面连陆，境内土壤肥沃，物产丰富，风景优美，是享有盛名的"鱼米之乡"及旅游胜地。

# 一、现状概况

### 1. 社会经济

东山人口密集，经济发达，交通便捷，风景秀丽，是一座旅游度假的历史文化名镇，也是一块富产花果鱼类的风水宝地，是江苏省对外开放的重点中心城镇之一。近几年来，东山镇经济发展迅速，国内生产总值、国民收入、工农业生产总值等经济指标都呈现出稳定快速的增长趋势。

### 2. 文物古迹

现有国家级文物保护单位9处，省级文物保护单位2处，市级文物保护单位11处，列入苏州市控制保护建筑名录的有33处，列入苏州市首批控制保护古村落名录的有3处。

### 3. 民俗风情

东山民间传统节日较多，以农历正月初一至十五的闹新春最为热闹，活动形式多样，内容丰富。东山人婚丧喜庆、造房等也都有一定的风俗。东山民俗文化艺术有砖雕、盆景、台阁等。

# 二、镇域保护规划

### （一）景观资源保护

充分发挥东山古镇的历史文化优势以及镇域范围内江南水网地区的自然景观优势，合理、

东山古镇镇域文物古迹分布图

适度、逐步开发和利用旅游资源，营造既有历史文化，又有自然环境，配备现代化服务设施的游览、度假、休闲三者并重的旅游度假胜地，确立旅游业在城镇第三产业中的龙头地位。将东山景区打造成以历史文化名镇风貌、花果茶园和湖光山色为景观特色，适宜开展游览观光、传统艺术鉴赏、尝果品茗和休闲度假等游赏活动的太湖国家重点风景名胜区的重要景区之一。

根据东山镇现状资源特点和周边用地条件，规划古镇风貌观光区、莫厘峰景观生态游览区、古村民俗观光区、山林寺庙文化游览区、山林湖水游赏区、三山史前文明游览区、余山湖岛游览区、水乡风情游赏区、湖滨野趣游赏区、传统农庄游览区十个景群。

**东山镇文物保护单位名录**

| 文保单位名称 | 级别 | 类别 | 时代 | 所在地 |
| --- | --- | --- | --- | --- |
| 轩辕宫正殿 | 国家 | 古建筑 | 元代 | 杨湾上湾村 |
| 春在楼 | 国家 | 古建筑 | 民国 | 松园弄 |
| 楠木厅及石刻艺术 | 国家 | 古建筑 | 明代 | 镇人民街 |
| 绍德堂 | 国家 | 古建筑 | 明代 | 新义村 |
| 明善堂 | 国家 | 古建筑 | 明代 | 杨湾上湾村 |
| 怀荫堂 | 国家 | 古建筑 | 明代 | 杨湾村 |
| 瑞蔼堂 | 国家 | 古建筑 | 明代 | 翁巷村 |
| 凝德堂 | 国家 | 古建筑 | 明代 | 翁巷村 |
| 紫金庵塑像 | 国家 | 古建筑 | 南宋－明 | 西卯坞 |
| 三山岛旧石器时代遗址及哺乳类动物化石出土处 | 省级 | 古遗址 | 旧石器时代晚期 | 三山岛东泊小山西北麓龙头山 |
| 诸公井亭 | 省级 | 古建筑 | 明代 | 人民街西段 |
| 松风馆 | 市级 | 古建筑 | 近代 | 翁巷村 |
| 裕德堂花厅 | 市级 | 古建筑 | 清代 | 人民街 |
| 龙头山葑山寺 | 市级 | 古建筑 | 明代 | 涧桥龙头山 |
| 遂高堂 | 市级 | 古建筑 | 明代 | 陆巷村 |
| 启园 | 市级 | 古建筑 | 民国 | 席家湖 |
| 法海寺殿 | 市级 | 古建筑 | 清代 | 法海坞 |
| 敦裕堂 | 市级 | 古建筑 | 明代 | 人民街东端 |
| 具区风月桥 | 市级 | 古建筑 | 明代 | 渡桥 |
| 王鏊墓 | 市级 | 古墓葬 | 明代 | 陆巷村 |
| 柳毅井 | 市级 | 古建筑 | 宋代 | 席家湖 |
| 陆巷古村 | 市级 | 古建筑 | 明清 | 陆巷村 |

### （二）古镇区保护

#### 1.古镇区范围

北至启园、太湖湖滨，西至泄洪河、莫厘峰山麓，南至夏荷路，东至紫金路、启园路，总面积144.71hm²。

#### 2.古镇区的保护与整治

积极保护古镇区，优先发展新镇区，调整完善古镇区功能布局，发展旅游事业。

打通部分街巷，增强古镇区各片区之间的交通联系，并在各历史文化街区外围设置机动车停车点，保证古镇传统街巷和特色商业街的步行环境和氛围。

对镇区中部已丧失传统风貌的人民街两侧区域进行改造，建造仿古街，安排旅游服务设施，保持古镇整体风貌及格局的延续。

建设街道绿地、街头绿地、小游园、宅旁绿地等，见缝插绿，全方位改善古镇自然、生态环境。

逐步迁出古镇区内部或相邻地块内的工厂和国家行政机关、大型企事业单位，结合古镇区的保护与整治，改造工业用地，合理开发旅游。

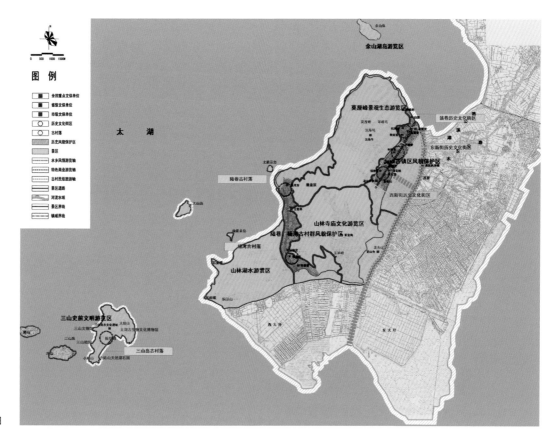

东山古镇镇域保护框架规划图

## （三）历史文化街区保护

历史文化街区包括西新街历史文化街区、东新街历史文化街区、翁巷历史文化街区。

### 1.保护层次

分两个层次：历史文化街区保护范围及建设控制地带。在历史文化街区外设置环境协调区，即整个东山古镇区。

### 2.保护要求

#### 1）历史文化街区

各级文物保护单位（包括待定文物保护单位）：

应逐步由政府收回建筑产权，恢复原建筑性质和使用功能或辟为文物保护点，由专人管理，作为旅游展览定时开放，严格遵守《中华人民共和国文物保护法》和其他有关法令、法规所要求的程序，不能随意改变原有状况与环境，不得施行日常维护外的任何修建、改造、新建工程及其他任何有损环境、观瞻的项目。

代表性的传统居住区、沿街沿河风貌地带：

文保单位的建设控制地带范围内建筑的形式应为坡屋顶，体量宜小不宜大，色彩应以黑、白、灰为主色调，高度为2层，功能应为居住或公共建筑。

沿河风貌带应保持原有的小桥、流水、人家的传统特色。所有该范围内的建筑应为坡屋顶，色彩为黑、白、灰色调，功能以居住及公共建筑为主，门、窗、墙体、屋顶等形式应符合风貌要求，河水应保持流畅、洁净、不可有异状漂浮物，需整治河道应及时整治，小品如驳岸、栏杆、休息座椅等应具有水乡传统特色，沿河绿化应与水乡古镇风貌协调，树种选择应符合历史环境。

街道应保持原有的空间尺度，建筑功能以公共建筑为主，门、窗、墙体、屋顶等形式应符合风貌要求，建筑檐口高度控制为6.2m，色彩控制为黑、白、灰及红褐色、原木色等。原有电线杆、有线电视天线等有碍观瞻之物应取掉，铺地应符合水乡民居特色，街道小品(如果皮箱、公厕、标牌、广告、招牌、路灯等)应具有地方特色，不宜采用现代城市的做法。

传统民居区选择相对完整地段加以维修恢复，保持原有空间形式及建筑风格，功能为居住建筑。古井、树木及反映居民生活之特色庭院、特色空间(如街头广场、埠头广场)应予以保留，不符合风貌要求的建筑应予以改造或拆除。

### 2）建设控制地带控制要求

建设活动应以维修、整理、修复及内部更新为主。新建建筑限制为低层，建筑檐口高度控制为6.2m。其建设内容应服从对历史文化街区的保护要求，其外观造型、体量、色彩、高度都应与历史文化街区风貌相适应，较大的建筑活动和环境变化应由专家评审。

### 3）风貌协调区控制要求

在此范围内的新建建筑或更新改造建筑，必须服从"体量小、色调淡雅、不高、不密、不洋、多留绿化带"的原则。其建筑形式要求在不破坏古镇风貌的前提下，可适当放宽，新建建筑应鼓励低层，建筑檐口高度控制为9m。

## （四）古村落保护

### 1.保护层次

将东山镇陆巷、杨湾、三山岛古村确定为保护古村落，并结合古村落自身情况和周围环境，将古村落的保护范围分为两个层次：重点保护区和传统风貌协调区。

### 2.保护要求

### 1）重点保护区保护要求

重点保护区的保护不仅要保护历史建筑、街区空间形态和自然环境特色，保护历史的真实性、风貌的完整性、维护生活的延续性，还要注重保护它们深厚的文化内涵。在重点保护区范围内，除依法保护控保单位外，对其他现有建筑物实行重点保护、普遍改善、大力整治、合理利用的方式。

普遍保护古村风貌，严格控制沿街的建设活动，尽量保持原有建筑形式风貌，对不符合要求的风貌进行整治。保护与整治历史环境要素，包括铺地、石墙基、排水沟等。

逐步改善居住环境，改善传统民居室内设施，在基本满足风貌要求的前提下，使居民室内生活设施现代化，重点改善居民的卫生环境设施。重点整治空间环境，建筑高度维持现高并控高2层，檐口高度不超过6.2m。对不符合控高要求的非传统建筑予以拆除，重新设计，使其符合重点地段的功能和风貌要求。原有电线杆、有线电视天线等有碍观瞻的市政管线逐步下地。街道小品设置（如果皮箱、公厕、标牌、广告、招牌、路灯等）应与传统风貌协调。

### 2）传统风貌协调区保护要求

传统风貌协调区内各类建设应严格控制，对需新、改、扩建的建筑必须在建筑高度、体量、饰面材料以及建筑色彩、尺度、比例上与传统建筑风貌协调，以取得与保护区之间合理的空间过渡。建筑形式宜为坡屋顶，色彩以传统建筑的黑、白、灰等为主色调，体量宜小不宜大，严格控制建筑高度和建筑密度。凡不符合此要求的任何现状建筑，必须加以整治，尤其加强与保护区邻近以及建设控制区周边地区的控制，以达到与整体环境的和谐统一。

## （五）单个文物点的保护

分文物保护单位、控保建筑及历史建筑三类进行保护。

### 1.文物保护单位

东山镇域现有国家级文物保护单位9处，省级文物保护单位2处，市级文物保护单位11

### 东山古镇控制保护建筑

| 名称 | 时代 | 地点 | 名称 | 时代 | 地点 | 名称 | 时代 | 地点 |
|---|---|---|---|---|---|---|---|---|
| 谦和堂 | 清东 | 山镇陆巷村嵩下 | 沈宅 | 民国 | 东山镇新乐村 | 锦星堂 | 清 | 道光东山镇上湾村 |
| 麟庆堂 | 明 | 东山镇新丰村 | 紫兰巷某宅 | 清末民初 | 东山镇紫兰巷 | 秋官第 | 明 | 东山镇光明村 |
| 同德堂 | 清 | 东山镇太平村 | 马家弄某宅 | 民国 | 东山镇马家弄39号 | 响水涧 | 明、清 | 东山镇西街 |
| 务本堂 | 清 | 东山镇太平村 | 果香堂 | 清 | 东山镇太平村 | 久大堂 | 清 | 东山镇上湾张巷129号 |
| 尚庆堂 | 明-清 | 东山镇典当弄7号 | 光明村严宅 | 清 | 东山镇光明村 | 椿桂堂 | 明、清 | 东山镇大圆村 |
| 尊德堂 | 清 | 东山镇太平村 | 信恒堂 | 清末民初 | 东山镇新义村 | 承德堂 | 清 | 光绪东山镇永安村 |
| 太平村乐志堂 | 清 | 东山镇太平村 | 景德堂 | 清 | 东山镇建新村 | 敦朴堂 | 清道光 | 东山镇潘家巷7号 |
| 延庆堂 | 清 | 东山镇通德里19号 | 湖湾村某宅 | 清 | 东山镇湖湾村二号桥 | 三祝堂 | 明 | 东山镇嵩下 |
| 修德堂 | 清 | 东山镇太平村 | 慎余堂 | 清、民国 | 东山镇殿新村 | 嵩下裕德堂 | 明 | 东山镇嵩下 |
| 瑞凝堂 | 清 | 东山镇东新街殿后弄 | 文德堂 | 清 | 东山镇人民街46号 | 鸣和堂 | 明 | 东山镇嵩下 |
| 容春堂 | 清 | 东山镇翁巷 | 岱松村裕德堂 | 清 | 东山镇岱松村 | 崇本堂 | 清 | 东山镇杨湾村 |

处。对各级文物保护单位划定保护范围和建设控制地带。

**1）文物保护单位保护范围**

保护范围内所有的建筑本体与环境均要按文物保护法的要求进行保护，不允许改变文物的原有状况、面貌及环境。如需进行必要的修缮，应在专家指导下遵循"不改变原状"的原则，做到"修旧如故"，并严格按审核手续进行。保护范围内现有影响文物原有风貌的建筑物、构筑物必须坚决拆除。必须增设必要的防火设施，四周必须留出防火通道。对文物保护单位应当尽可能实施原址保护，不得擅自拆除或迁移易地。

**2）文物保护单位建设控制地带**

建设控制地带内的历史建筑，加强维修，拆除影响文物保护单位周边环境的建筑物、构筑物。在该区内对文物保护单位采取必要的消防措施。严格控制区内新、改、扩建项目。建筑性质、形式、高度、体量、饰面材料以及建筑色彩、尺度、比例上必须与文物保护单位历史风貌协调。

**2.控制保护建筑**

东山镇域内现有已公布的控保建筑33处。

**3.历史建筑**

历史建筑的保护要求，根据建筑的历史文化价值以及完好程度，分为三类：

1）对建筑的立面、结构体系、平面布局、庭院和内部装饰具有特色和相对完整的历史建筑，规划建议列为控制保护建筑，按照控保建筑的保护要求进行保护；

2）建筑的立面和结构体系不得改变，建筑内部允许改变；

3）建筑的主要外立面不得改变，其他部分允许改变。

**（六）非物质文化遗产保护**

民俗文化展示：包括民族节庆时的民俗活动展示以及部分民居内的祭祖、敬神、祈祷、婚俗等自发性民俗活动的展示。

饮食文化推广：突出家乡口味，主要利用当地水产如菱藕、莼菜等和新鲜鱼虾为原材料，注重不同时令的变化；丰富原有的特色饮食，尤其是已经名闻遐迩的太湖三白等。

传统工艺展示：恢复部分富有生活情趣的传统工艺店，如雕刻、古玩、刺绣等，发展有地方特色的旅游工艺品产业。

# ■ 三、古镇区保护与整治规划

## （一）土地利用规划

积极保护古镇区，优先发展新镇区，调整完善古镇区功能布局，发展旅游事业；打通部分街巷，增强古镇区各片区之间的交通联系，并在各历史文化街区外围设置机动车停车点，保证古镇传统街巷和特色商业街的步行环境和氛围；对镇区中部已丧失传统风貌的人民街两侧区域进行改造，建造仿古街，安排旅游服务设施，保持古镇整体风貌及格局的延续；建设街道绿地、街头绿地、小游园、宅旁绿地等，见缝插绿，全方位改善古镇自然、生态环境；逐步迁出古镇区内部或相邻地块内的工厂和国家行政机关、大型企事业单位，结合古镇区的保护与整治，改造工业用地，合理开发旅游。

## （二）建筑高度控制

### 1.现状分析

东山古镇区三片历史文化街区内绝大多数建筑为1～2层，少量建筑达到3层，基本维持传统民居平缓、朴实的面貌。建筑一层、二层分布大致持平。

其他地区新、旧建筑混杂，建筑高度参差不齐，与历史文化名镇保护的要求之间存在着许多矛盾，如东山古镇区中部人民街周围区域，由于城镇的开发建设，道路拓宽，政府机关、企事业单位的进驻，修建了相当数量的大体量建筑，传统风貌荡然无存，中断了古镇传统风貌的延续性。北部多层建筑群——东山宾馆的建造，使启园周围地区"山、湖、园林、村庄"的自然格局受到了破坏。

### 2.高度控制规划

各级文保单位、控保单位、文保单位控制带、历史建筑、历史文化街区及重要的河街两侧应保持现高。历史文化街区的建设控制地带、其他地段的一般居住区保持现高或6.2m(檐口)限高，人民街、莫厘路、银杏路、法海路、紫金路、启园路两侧公共建筑限高9m(檐口)。建筑屋顶坡度控制在25°～35°之间。

建筑控高与屋顶坡度的尺寸比例

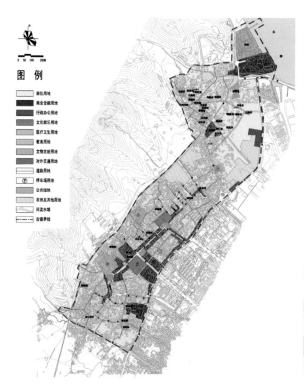

东山古镇镇区土地利用规划

### 东山古镇镇区土地使用规划汇总表

| 用地性质 | 用地面积（hm²） | | 百分比（%） | |
|---|---|---|---|---|
| | 现状 | 规划 | 现状 | 规划 |
| 居住用地 | 93.20 | 92.4 | 72.02 | 70.51 |
| 行政办公用地 | 2.00 | 0.89 | 1.55 | 0.68 |
| 商业金融用地 | 9.10 | 14.65 | 7.03 | 11.18 |
| 文化娱乐用地 | 1.30 | 2.05 | 1.00 | 1.56 |
| 医疗卫生用地 | 0.49 | 0.00 | 0.38 | 0.00 |
| 教育用地 | 3.64 | 3.49 | 2.81 | 2.66 |
| 文物古迹用地 | 5.78 | 5.78 | 4.47 | 4.41 |
| 工业用地 | 5.02 | 0.00 | 3.88 | 0.00 |
| 绿化用地 | 0.00 | 0.75 | 0.00 | 0.57 |
| 对外交通用地 | 0.17 | 0.17 | 0.13 | 0.13 |
| 道路广场用地 | 8.70 | 10.87 | 6.72 | 8.29 |
| 市政用地 | 0.00 | 0.00 | 0.00 | 0.00 |
| 总建设用地 | 129.40 | 131.06 | 100.00 | 100.00 |
| 农田林地 | 12.29 | 10.63 | | |
| 水域 | 3.02 | 3.02 | | |
| 古镇区规划总用地 | 144.71 | 144.71 | | |

在保持现高的区域内，不允许改变现有建筑物高度，不允许随意加层。在拆除非保护建筑另建新建筑时，新建建筑物的高度不得超过被拆除建筑物的高度。在限高6.2m的区域内，任何新建或改建建筑物的檐口高度均不得高于6.2m，对保护建筑的改建不得超过原建筑物的高度。在限高9m的区域内，任何新建或改建建筑物的檐口高度均不得高于9m。古镇保护区范围内所有3层以上的非历史建筑物应逐步拆除，新建建筑物檐口高度必须满足所在区域限高要求。

### （三）保护与更新模式

本着保护传统空间格局，充分考虑现状和可操作性，对东山古镇区内的建筑及外部空间提出四种分区保护与更新模式：保留、修缮、改造、拆除。

### （四）绿化系统规划

滨湖绿化：强化沿太湖地区的绿化种植和绿化配置，结合山体绿化和启园、东山宾馆的绿化，提高滨湖景观道路的品质。

道路绿化：强化交通性和景观性主要道路，如人民街、莫厘路、银杏路、法海路、紫金路、启园路的沿路绿化，改善道路景观和环境品质。

广场绿化：在老城内主要是结合文物点保护范围的划定设置点式绿化体系。

庭院绿化：强化近人尺度的庭院绿化，种植单株观赏植物形成视线吸引点，提高居民的生态意识，提倡居民对各自的庭院进行自赏绿化布置，为古镇内部的老屋旧街增添绿色生机。

## ■ 四、历史文化街区保护规划

### （一）古镇区现状建筑评价

东山古镇区的建筑大多数为现代建筑，部分建筑为明清及民国建筑，其中，明清建筑约

东山古镇镇区保护规划总图　　　　　　　　　　　东山古镇区规划结构图

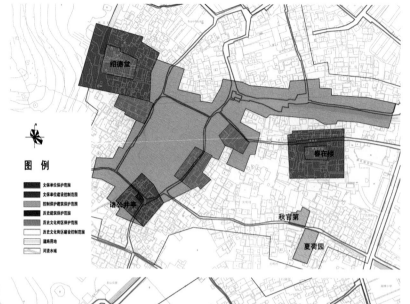

西新街历史文化街区保护范围规划

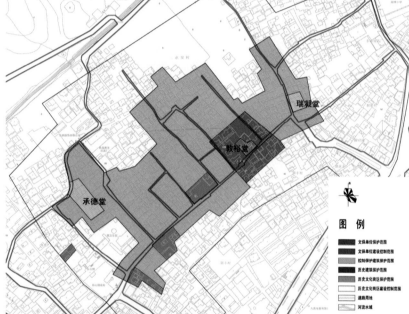

东新街历史文化街区保护范围规划

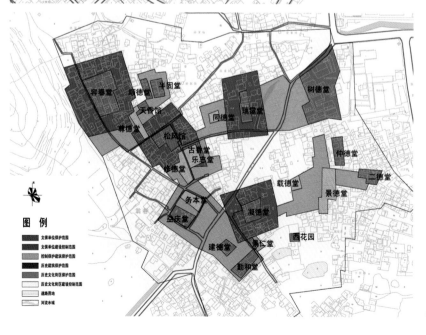

翁巷历史文化街区保护范围规划

有242 栋，民国建筑241栋。

**（二）历史文化街区的确定**

规划共确定东山古镇区历史文化街区3个，分别为西新街历史文化街区、东新街历史文化街区、翁巷历史文化街区。

**（三）历史文化街区保护范围划定及控制要点**

**1.西新街历史文化街区**

**1）保护内容**

春在楼、诸公井亭、绍德堂、秋官第、夏荷园等文保单位及文物控制点的保护，西新街、响水涧、高田港等河街传统风貌带的保护。

**2）保护范围**

保护区：包括西新街、响水涧、高田港两侧沿街沿河传统民居群，以及外围春在楼、秋官第、夏荷园、绍德堂等重要历史建筑，面积6.94hm²。

建设控制地带：北至东山中学、松园弄东侧，西至泄洪河，南至法海路、马家弄南侧，东至紫金路，面积为14.79hm²。

环境协调区：为整个古镇区范围扣除3个历史文化街区范围及建设控制地带，总面积82.21hm²。

**3）保护及开发要点**

保护现有的风貌格局，拆除各类景观障碍点，恢复原有特色。逐步分期分批改造完善区内的基础设施，使其符合现代生活的要求。见缝插绿，提高环境质量。打造响水涧、西新街、高田港三条特色风貌带，改造西新街北部入口地段，疏浚河道，保持响水涧、高田港河水清澈、畅通。

**2.东新街历史文化街区**

**1）保护内容**

敦裕堂、承德堂、古紫藤等文保单位及文物控制点的保护，"鱼骨状"街巷格局的保护，古民居群整体风貌的保护。

**2）保护范围**

保护区：包括东新街、古石巷、大杨柳弄、小柳弄、古秦巷、茶叶巷、依仁里、殿后弄两侧沿街传统民居群，面积6.59hm²。

建设控制地带：北至湖湾路，西至保护区外50m，南至东山镇政府、银杏街南侧，东至新丰村多层住宅区，面积13.71hm²。

环境协调区：为整个古镇区范围扣除3个历史文化街区范围及建设控制地带，总面积82.21hm²。

**3）保护及开发要点**

保护"鱼骨状"传统街巷格局，拆除各类景观障碍点，恢复原有特色。逐步分期分批改造完善区内的基础设施，使其符合现代生活的要求，见缝插绿，提高环境质量。建设东新街特色商业街，开发民居古宅游，改建部分古宅为民居旅馆。

**3.翁巷历史文化街区**

**1）保护内容**

凝德堂、瑞霭堂、松风馆、容德堂、古香堂、六指堂、修德堂、益庆堂等八大堂的保护，古村格局的保护，古村自然环境特色的保护。

**2）保护范围**

保护区：以八大堂为中心，包括其周围传统民居群，面积6.53hm²。

建设控制地带：北至翁巷古村边界，西至莫厘峰山麓，南至湖湾村委，东至东兴食品公司，面积13.39hm²。

环境协调区：为整个古镇区范围扣除3个历史文化街区范围及建设控制地带，总面积82.21hm²。

### 3）保护及开发要点

保护古村传统街巷格局，拆除各类景观障碍点，恢复原有特色。逐步分期分批改造完善区内的基础设施，使其符合现代生活的要求。开发民居古宅游，改建部分古宅为民居旅馆。

## ■ 五、古村落保护规划

### （一）古村落建筑质量分析

#### 1.陆巷建筑现状分析

陆巷古村的建筑绝大多数为住宅，极少数建筑为酒店公共服务设施以及工厂（吴文化印刷厂、陆巷手套厂）。建筑大多数为现代建筑，尚存近百栋明清建筑。

#### 2.杨湾古村落

杨湾古村的建筑绝大多数为住宅，72栋商业建筑，26栋公共建筑，7栋文保建筑。

杨湾古村的建筑大多数为现代建筑，少数建筑为明清及民国建筑，其中，明代建筑约有19栋，清代建筑约有107栋，民国建筑68栋。

#### 3.三山岛古村落

三山岛古村的建筑绝大多数为住宅，5栋商业建筑，3栋学校建筑，17栋展览建筑。

建筑大多数为现代建筑，少数建筑为明清及民国建筑，其中，明清建筑约有37栋，民国建筑5栋。

### （二）古村落保护范围划定及控制要点

#### 1.陆巷古村落

保护惠和堂、粹和堂、会老堂、春卿第、双桂楼，遂高堂等34处文物保护单位及文物控制点，保护陆巷古村整体风貌，保护"一街六巷"街巷格局，保护古村周围自然环境。

重点保护区："一街六巷"两侧古民居群，包括古村内34处文物保护单位、文物控制点及周边传统民居群，面积9.29hm²。

传统风貌协调区：整个陆巷古村居住用地范围，东、北至自然山体，西至陆巷手套厂，南至陆巷小学，面积36.96hm²。

保护"一街六巷"传统街巷格局，拆除各类景观障碍点，恢复原有特色。逐步分期分批改造完善区内的基础设施，使其符合现代生活的要求，见缝插绿，提高环境质量。

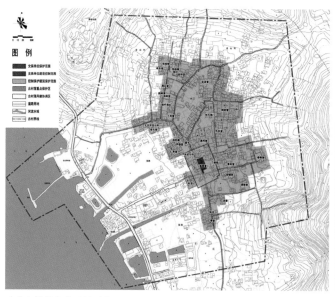

陆巷古村保护范围规划图

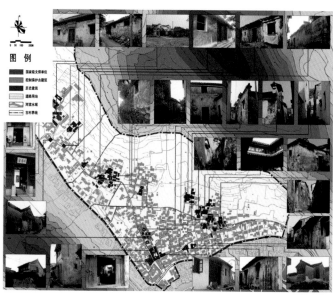

杨湾古村文物古迹分布图

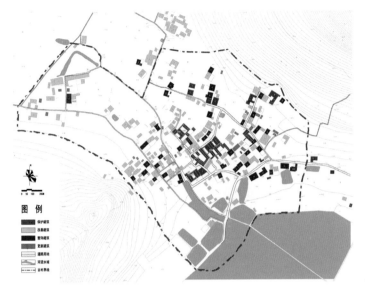

三山岛古村建筑保护与更新

打造苏州市第一古村旅游品牌，恢复牌楼、状元墙门、巷门、旗杆等遗址，修复洋龙公所、弥陀庵等特色游览点，在古村西侧沿环山公路建设旅游服务设施，改建古村入口，利用部分古宅改建为民俗博物馆和民居旅馆。

### 2.杨湾古村落

保护轩辕宫、明善堂、安庆堂、怀荫堂、崇本堂、遂佐堂、遂义堂、崇德堂等29处文保单位和文物控制点，保护明清街等古街巷风貌、格局的完整，保护杨湾古村的整体风貌。

重点保护区：以轩辕宫、明善堂历史建筑群、明清街历史建筑群为中心，包括古村内29处文物保护单位、文物控制点及周边传统民居群，面积9.82hm²。

传统风貌协调区：北至自然山体，西南至环山公路，东至古村边界，包括轩辕宫及杨湾、上湾、大浜三个自然村组，面积21.72hm²。

保护"鱼骨状"传统街巷格局，拆除各类景观障碍点，恢复原有特色。逐步分期分批改造完善区内的基础设施，使其符合现代生活的要求，见缝插绿，提高环境质量。

建设明清古街特色商业旅游街，整治古村入口巷门地段，恢复古村各街巷巷门。整治环山公路两侧凌乱无序的建筑，在入口巷门对面、环山公路南侧建设旅游服务设施。

### 3.三山岛古村落

保护薛家祠堂、清俭堂、执玉堂、九思堂、近远堂等9处历史建筑，保护三山岛古村整体风貌和周围自然环境。

重点保护区：以薛家祠堂、清俭堂历史建筑群为中心，包括古村内7处历史建筑及周边传统民居群，面积2.18hm²。

传统风貌协调区：北至自然山体，西至古村外村道，南至太湖，东至古村边界，面积12.25hm²。

保护薛家祠堂、清俭堂历史建筑群周围地区传统风貌的完整，拆除各类景观障碍点，恢复原有特色。逐步分期分批改造完善区内的基础设施，使其符合现代生活的要求，见缝插绿，提高环境质量。加强旅游接待设施建设，建设三山岛特色商业旅游街，整治沿湖古村入口地区，建设游船码头、宾馆、游客中心等旅游服务设施。

规划编制单位：江苏省城市规划设计研究院

东山　又到橘子红了时（王海燕　摄影）

市区

江苏省历史文化名镇

光福

光福寺塔（沈铮泓　摄影）

光福　太湖美景（张泉　摄影）

光福镇位于江苏省苏州市西南郊区，因镇南有邓尉山而别名邓尉，有"香雪海"之称，是江南最著名的探梅胜地。东与藏书镇接壤，南同胥口镇毗连，西滨太湖，北接东渚。

# ■ 一、现状概况

### 1.历史沿革

光福原名野步市，相传为吴王养虎处，萧梁时建光福寺于龟峰，以寺名镇至今。明、清时，光福为吴县六大名镇之一。民国36年2月，吴县将原第二区(木渎)、第三区(光福)合并为吴西区。1950年3月，建光福区。1957年3月，撤区并乡，建光福乡。1985年，光福改乡为镇，实行镇管村体制至今。2001年光福镇合并了原太湖镇，镇域范围从57.9km²扩展到67.62km²。

### 2.自然条件

光福地处长江中下游太湖平原，属丘陵盆地相间地区，地势由西向东略呈缓冲倾斜之势。受太湖水体的调节作用，光福气候四季分明，温暖湿润，降水丰沛，日照充足，无霜期较长。光福境内共有大小河道67条，具有典型的江南水乡特色。各类资源丰富，其中光福森林自然保护区为江苏省自然保护区。

### 3.主要资源

光福镇内小桥流水，古街塔影，四周群山环抱，绿水萦绕，是太湖风景名胜区中最富个性和特色的景区之一。光福镇内主要的山水景观资源为西崦湖、漫山岛；山岳景观有凤口岛岗、西碛山、铜井山、穹窿山、马架山、蟠螭山等，泉水景观有七宝泉、夹石泉、白鱼泉、

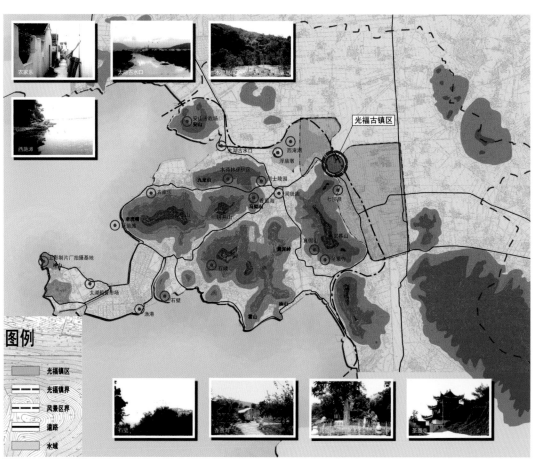

光福古镇周边环境图

铜井泉、墨泉；植物景观资源丰富，有闻名于世的赏梅胜地——香雪海，闻香采桂佳处——西碛山、木荷生长极地带的卧龙山和古树名木等；另外还有丰富的人文景观，有光福寺、光福塔、圣恩寺、司徒庙、石嵝、石壁、老镇区上的古街巷以及现代景观资源盆景园、烈士陵园等。

### 4.特色分析

"光福"二字，寓意湖光山色、洞天福地，相传梁九真太守顾野王舍宅为寺，取"光福"二字命名而沿袭至今，被誉为"湖光洞天一色，光天福地"。

江苏名镇：1985年成为首批江苏省对外开放重点工业卫星镇，1999年成为江苏省历史文化名镇，列入省重点中心镇之一。

太湖明珠：光福地处太湖之滨的邓尉山麓，是一颗嵌入太湖的璀璨明珠。山水是光福的载体，梅花是光福的使者，唐陆龟蒙，宋黄彦，元徐雷龙，明顾鼎臣、汪琬、文徵明等诗人都前来游览名胜，清康熙、乾隆也来此探梅，吟诗览词。

苏州胜地：明清吴县六大名镇，太湖风景区的组成部分；风土清丽、民风淳朴，盛产大米、蚕桑及花果苗木，名胜古迹遍布全镇，香雪海、司徒庙名扬海内外。

## ■ 二、镇域保护规划

镇域总面积62.20km²，保护内容主要为两个方面：古镇区保护及古镇区以外单个文物点与自然山水的保护。

### 1.风貌保护区的保护

古镇内湖风貌保护区、安山遗址风貌保护区、官山雪海风貌保护区、玄墓山林风貌保护区、石壁石嵝风貌保护区、漫山湖岛风貌保护区。

### 2.历史文化遗存的保护

历史文化遗存应在保护的前提下，进行合理利用、永续利用，并进行必要的整治和完善，利用现有文保单位、古建筑等经过整修后可对社会公众开放，供居民、游人参观游览。

### 3.自然山体、古树名木、水系、湿地的保护

光福镇域范围内群山环绕，主要分布于西部的太湖沿岸，山体植被茂盛，人文景观和历史传说丰富，大部分山体位于景区范围内，应注重保护山体自然原貌，严禁开发性破坏。重点保护太湖、西崦湖以及沿湖岸线的湿地；对木光运河、浒光运河，改造其沿河两侧环境，形成休闲绿化带为主的绿色通道。

### 4.非物质文化遗产的保护

民俗文化展示、湖鲜饮食文化、传统工艺。

## ■ 三、古镇区保护与整治规划

古镇区保护与整治规划范围，北至虎山弄、虎桥，南至抽丝厂，东至上淹湖、虎河，西至邓尉北路，总面积约27.6hm²。

### 1.保护框架规划

#### 1）保护层次

重点保护区即历史文化街区，包括古镇区重要河街(福溪河、上街、下街、大街、南街、小巨角、旱桥弄等)两侧区域，并包括主要的文保单位与历史建筑，面积约11.15hm²。

一般保护区即历史文化街区建设控制地带，为古镇区保护范围内除去重点保护区范围的部分，面积约16.45hm²。

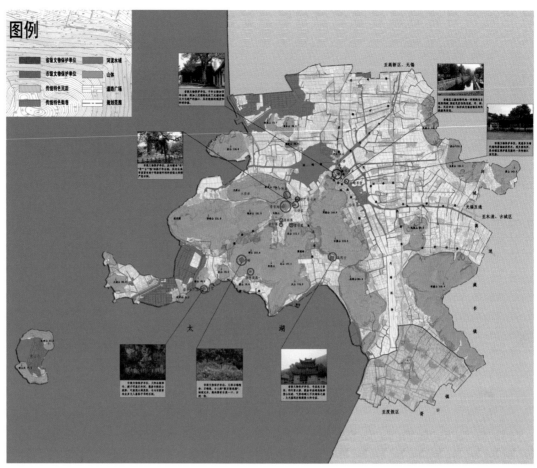

光福古镇镇域文物古迹分布

**2）保护框架主题**

主题一 "寺塔佛光"：以保护光福寺塔为主，恢复龟山山形，整饬控制区建构筑物，确立光福塔的中心感与标志性。

主题二 "东崦贤踪"：以保护东崦草堂及周边历史建筑物为主，恢复草堂原貌。

主题三 "吴国遗风"：以保护和发展居住风情为主，保护原有街巷格局，体现居民生活情趣，弘扬传统艺术文化。

**3）保护框架内容**

大街商业景观带：恢复大街传统商业气氛。

福溪河风貌景观带：福溪河及其两侧建筑的保护与改造。

光福寺塔风景区：光福寺塔的保护及旅游观光的开发。

东崦草堂文化区：东崦草堂的保护。

传统居住区：包括小巨角、旱桥弄、上街、下街一带居住建筑的保护。

**2.土地利用**

居住以大街为界，形成南北两个完整区域；通过土地置换方式，将古镇区内工业企业全部迁出；商业设施沿街呈带状发展，其他公共设施与商业结合，形成完整的公共设施景观带；优化的路网结构与河道将区内各类用地连成有机整体，重现并充实传统用地布局形态。

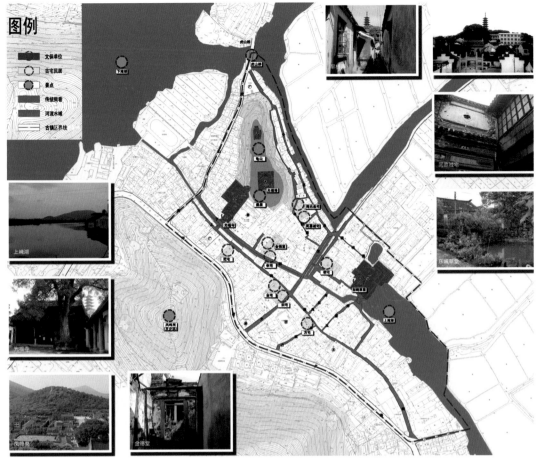

光福古镇镇区文物古迹分布

### 3. 建筑保护

#### 1）建筑更新

建筑采取四种方式更新：保留、修缮、改造、拆除。

#### 2）建筑限高

各级文保单位、文保单位控制带、历史建筑及重要的河街两侧应保持现高。福溪河与小巨角北侧靠近龟山段建筑限高3.3m(檐口)，一般传统建筑区保持现高或6.2m(檐口)限高，在南街南侧通过置换工业用地新形成的居住用地建筑限高9m(檐口)。建筑屋顶坡度控制在25°～35°。在保持现高的区域内，不允许改变现有建筑物高度，不允许随意加层。在拆除非保护建筑另建新建筑时，新建建筑物的高度不得超过被拆除建筑物的高度。古镇保护区界范围内所有3层以上的非历史建筑物必须拆除，新建建筑物檐口高度必须满足所在区域限高要求。

### 4. 河街保护

#### 1）河道保护

现有河道与驳岸均受保护，不得破坏岸线，严格控制现有河道界线，不得任意缩减。对驳岸的维修与新建必须采用传统材料与传统堆砌方式。禁止河道污染，控制现有污染区域，污染整治工作应以恢复原有生态平衡为准则，禁止任何的开挖与填埋以及破坏河道两岸的环境。河道两岸的植被与树木禁止破坏与砍伐，两岸建筑必须满足限高要求。鼓励沿河绿化建设，植物应选用当地特色植物。任何关于河道两岸的规划设计必须按规定程序审批，必须满足古镇保护要求。

2）桥梁保护

现有桥梁形式均受保护，禁止任何搭建或改建，桥头两侧的建设应以满足交通与优化景观为准则，必须满足限高要求。原则上虎山桥、永福桥、福龙桥允许机动车通行，其他桥梁不考虑机动车交通需要。

3）古码头保护

严格控制古码头区域，禁止任何建设活动。将该处规划为一景点，作为古镇区旅游活动的内容之一。

4）商业街道保护

禁止改变街道尺度与连续性，禁止使用任何与环境不协调的招牌与装饰物，建筑形式必须保持原有形式，任何改造工作必须经过批准，鼓励使用传统构件形式，鼓励商业分类与特色经营。

5）居住街道保护

禁止任何破坏居住格局的建设活动，任何改建或新建活动必须满足相关要求。鼓励采用传统材料，鼓励绿化种植与环境整治。

5.绿地系统规划

1）生态绿地

主要为龟山自然山体绿化，规划重新整理龟山山形，拆除除光福寺外一切占用山形的建筑，恢复部分统一用于生态绿化。通过规划使古镇区的生态绿化面积由2.68hm²增至2.9hm²。

2）公共绿地

在南街南端的古镇区入口处通过置换工业用地，增设一处集中绿化，作为入口的绿化广场。另在东崦草堂入口处布置一片公共绿化。

3）沿河绿带

主要分布于福溪河两侧，采用见缝插绿的方式，尽量利用一些空地布置集中绿化，并使之沿河形成连续的绿带。

4）沿街绿带

大街、南街、上街必须设置沿路绿化，形成古镇区内十字沿街绿化。其余街巷利用空地进行绿化建设。

5）保护措施

禁止占用或毁坏现有绿地，镇区内10年以上树龄的树木禁止砍伐。鼓励居民环境绿化建设，对规划已确定为绿地的用地性质不得改变，镇区内小空地应作为绿化用地来考虑。种植树木应选用地方树种，强调植物的搭配。

6.空间景观规划

1）标志物：全镇标志物即光福塔，作为古镇唯一高点，是全镇的对景焦点。

2）节点：规划六处节点，包括两处文保单位（光福寺与东崦草堂）、现状两个广场（光福寺上街处的牌坊广场与虎山弄处的空地广场）、规划的南部绿化广场以及古码头区。

3）区域：一处为小巨角，另一处为福溪河两岸建筑群。

4）边界：分为沿街与沿河两道边界。一条沿大街、南街，另一条沿福溪河，共同构成古镇范围内最重要的边界要素。

5）路径：主要为构成古镇界限及形成边界的道路，包括邓尉路、虎山弄、大街与南街。

6）景观通廊

光福寺塔—下淹湖：体现山水之镇的特色。

光福寺塔—光福寺—光福寺桥—广场—凤鸣岗：反映自然生态环境中的历史名镇特色。

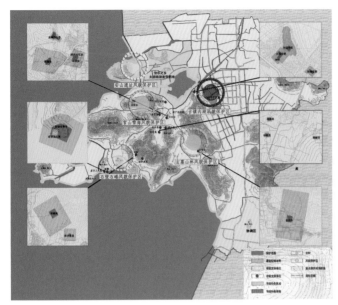
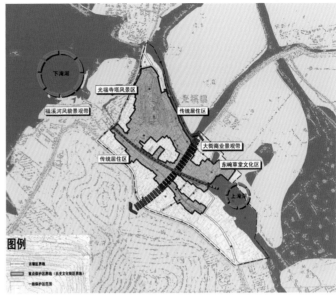

光福古镇镇域保护框架规划图　　　　　　　　　　　　　　光福古镇保护规划结构图

光福寺塔—福溪河沿河风光—大街商市：体现古镇的人文特色。

光福寺塔—小巨角—大街风貌—东崦草堂—上崦湖：传统与文化的最集中体现，全面反映古镇风貌。

光福寺塔—小巨角—古码头—虎河—新镇区：使古镇产生时代感，促进发展。

光福寺塔—虎山桥—虎山：独特的吴国遗风，反映古镇的地方特色。

7）视廊对景

凤鸣岗、虎山、上崦湖、下崦湖。

8）保护措施

河道街巷的整治应符合有关规定，被规划定义为边界的地段必须加强整治，任何不符合限高与风貌要求的建筑一律拆除或改造。现状滨水空间与街道空间均受保护，不允许随意占用。

各开放空间应严格控制尺度，其中规划定义为节点的开放空间不得更改用地性质。

视线通廊范围内有碍风貌的建筑必须拆除，视廊所涉及的要素均受严格保护。

# 四、历史文化街区保护规划

## 1.历史文化街区保护范围

历史文化街区保护范围包括福溪河、上街、下街、大街、南街、旱桥弄、小巨角等两侧沿街沿河传统居民群，以及古镇区内各文保单位与历史建筑(包括保护范围和建设控制地带)，面积约11.15hm$^2$。

历史文化街区建设控制地带为光福古镇区扣除历史文化街区保护范围的部分，总面积约16.45hm$^2$。

## 2.历史文化街区保护对象

文保单位指历史文化街区保护范围内省市级文物保护单位，其保护范围以其现存四至范围为准。共计三处：光福寺、塔、东崦草堂。

文保单位建设控制带指各文保单位四至界线以外10～20m范围内的区域，即各文保单位周边的一组建筑。

历史建筑主要为晚清及民国时期的古宅民居，并包括现存但已破败的明代金德堂，保护范围为各历史建筑现存四至范围。共计9处。

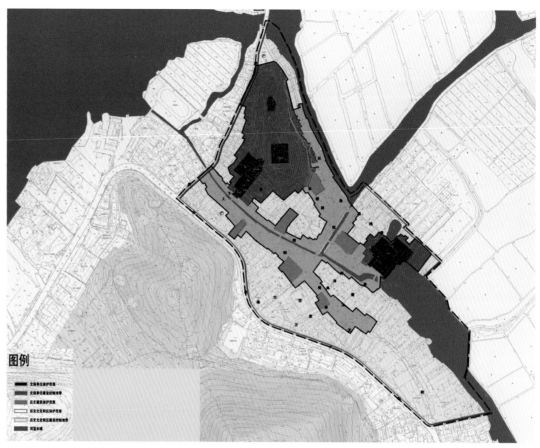

图例

光福古镇历史文化街区保护规划图

重要河街两侧指历史文化街区保护范围内沿各河道与街巷两侧一幢房屋的进深范围内的区域。

### 光福古镇文保单位

| 名称 | 地址 | 年代 | 保护等级 |
|------|------|------|----------|
| 光福寺 | 下街、龟山 | 梁天监 | 省级 |
| 光福塔 | 龟山 | 梁天监 | 省级 |
| 东庵草堂 | 上淹湖北 | 清道光 | 市级 |

### 3.历史文化街区保护要求

#### 1）文保单位

为了加强对文物保护单位的切实保护，对各级文物保护单位划定保护范围和建设控制地带。

文物保护单位保护范围指对文物保护单位本体及周围一定范围实施重点保护的区域。保护范围内所有的建筑本体与环境均要按文物保护法的要求进行保护，不允许改变文物的原有状况、面貌及环境。对文物保护单位应当尽可能实施原址保护，不得擅自拆除或迁移易地。

### 光福古镇历史建筑

| 名称 | 地址 | 年代 | 使用状况 | 名称 | 地址 | 年代 | 使用状况 |
|------|------|------|----------|------|------|------|----------|
| 凌宅 | 杨树街10号 | 清光绪 | 居住 | 方宅 | 南街28号 | 清光绪 | 居住 |
| 申宅 | 下街19号 | 清乾隆 | 居住 | 周宅 | 小居角13号 | 民国17年 | 居住 |
| 范宅 | 上街58号 | 清嘉庆 | 居住 | 周宅 | 小巨角23号 | 清宣统 | 居住 |
| 金宅 | 上街7号 | 清光绪 | 商住 | 经德堂 | 下街21号 | 明 | 空置 |
| 宋宅 | 上街3号 | 清嘉庆 | 居住 | | | | |

文物保护单位建设控制地带指在文物保护单位的保护范围外，为保护文物保护单位的安

全、环境、历史风貌对建设项目加以限制的区域。建设控制地带内的历史建筑，加强维修，拆除影响文物保护单位周边环境的建筑物、构筑物。在该区内对文物保护单位采取必要的消防措施。严格控制区内新、改、扩建项目。建筑性质、形式、高度、体量、饰面材料以及建筑色彩、尺度、比例上必须与文物保护单位历史风貌协调。

#### 2）历史建筑

产权应逐步由镇政府收回，恢复原建筑性质和使用功能，辟为文物保护点，由专人管理，可作为旅游点向游人开放。不能随意改变建筑形式，不得施行日常维护外的任何修建、改造、新建工程及其他任何有损环境、观瞻的项目。在必须的情况下，对其外貌、内部结构体系、功能布局、内部装修、损坏部分的整修应严格依据原址原样修复，并严格遵守《中华人民共和国文物保护法》和其他有关法令、法规所要求的程序进行，并保证满足消防要求。高度控制应保持现状或根据原状恢复。

#### 3）重要河街两侧

沿河风貌带：水乡古镇的沿河风貌带是传统特色保护的根本关键。该保护范围内建筑的形式应以坡屋顶为主，体量宜小不宜大，建筑高度控制为二层，色彩应以黑、白、青、灰为主色调，门、窗、墙体、屋顶等形式应符合风貌要求，建筑功能与性质应为居住或公共建筑。河水应保持流畅、洁净、不可有异状漂浮物，应及时整治河道，建筑小品如驳岸、栏杆、休息座椅等具有水乡传统特色，沿河绿化应与水乡古镇风貌协调，树种应选择符合历史环境的地方树种，不搞城市式的绿化、草坪、花坛等绿化布局。

街巷风貌带：古镇的街市应保持原有的空间尺度和比例关系，建筑高度、道路宽度都不能轻易改变；地面铺装应恢复水乡传统特色，采用石板铺砌；原有电线杆、有线电视天线等有碍观瞻之物应逐步取掉或移位；街道小品（如果皮箱、公厕、标牌、广告、招牌、路灯等）应有地方特色；两侧建筑功能应以传统民居和公共建筑为主，鼓励发展传统商铺、茶肆和产商结合的手工作坊，建筑的门、窗、墙体、屋顶等形式应符合风貌要求，建筑高度不宜超过2层，色彩控制为黑、白、灰及红褐色、原木色等。

传统民居：对地段内的传统民居成片加以维修恢复，保持原有空间形式及建筑格局，门头、墙界石、树木及反映居民生活之特色庭院、特色空间应予以保留，不符合风貌要求的建筑应予以改造和拆除。对该区内保留的传统民居建筑应加强维修，建筑色彩应取黑、白、灰及其他江南水乡传统民居的色彩加以统一控制，建筑装饰、建筑形式应采用民居形式的坡顶瓦房，建筑门、窗、墙体、屋顶及其他细部必须是江南水乡传统民居的做法；建筑功能为居住建筑或开发为民居展览馆和民居旅馆。

#### 4）建设控制地带

建筑形式以坡屋顶为主，体量宜小，色彩以黑、白、灰为主色调，对不符合上述要求的新旧建筑必须搬迁和拆除，近期拆除有困难的都应改造其外观和色彩，以达到环境的统一，远期应搬迁和拆除。该范围内各种修建性活动应在规划、文物管理部门同意指导下进行，其建筑内容应根据文物保护要求进行，建筑功能应以居住与公共建筑为主。对该区域内已建的3层以上的建筑，应考虑降层或争取拆除。不符合传统居民之亲切、宜人尺度者，应逐步进行整治和立面改造。

# ■ 五、旅游发展规划

### 1.旅游资源定位

水乡文化的展现和延续，以保护和发展存在于古镇结构、要素等物的表象之下的活的灵魂为宗旨。

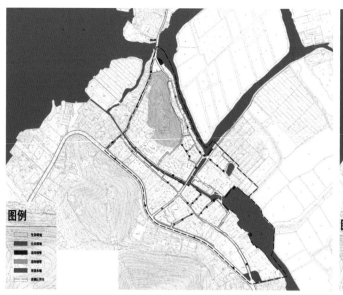

光福古镇绿地系统规划图

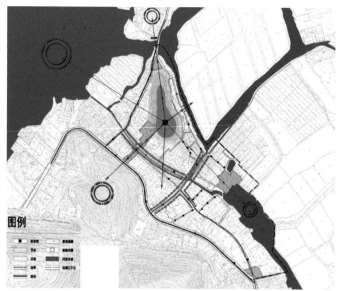

光福古镇空间景观规划图

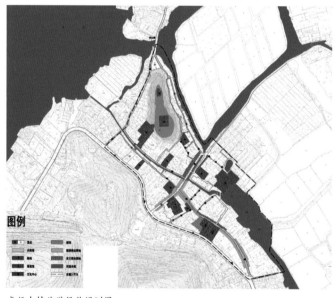

光福古镇旅游设施规划图

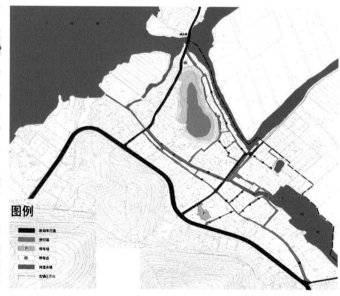

光福古镇交通规划图

## 2.旅游发展战略

### 1）战略目标

展现中国江南水乡名镇的历史风貌和人文特色，建立"游、吃、住、购、行、娱"六大要素协调配套的旅游产业格局。

### 2）旅游建筑功能定位

游览建筑：以体现光福的传统风貌为立足点，展现光福原汁原味的古镇风貌。

餐饮建筑：既要满足不同游客对饮食的多种要求和高档次要求，又要能够体现光福的传统特色。

旅馆建筑：体现光福的特色，并能与整个古镇的风貌浑然一体。

商业建筑：既能增加光福的传统风貌特色，又能满足游客、居民的需求和创造可观的经济效益。

娱乐建筑：必须注意不可与古镇风貌相矛盾。

交通设施建筑：注意考虑建筑的体量和风格，要与古镇风貌协调一致。

### 3.镇域旅游规划

吴地文化观光区：规划主要景点8处，即虎山遗址公园、塔山公园、光福古镇、东崦草堂、七宝泉、盆景园、吴地民俗工艺博览园以及东崦湖公园，重点突出塔山公园中的"福塔慈云"。

快乐之乡—西崦湖太湖旅游度假区：规划主要景点5处，即太湖古水口、浮庙墩、安山古战场遗址公园、西崦湖公园、湿地公园，重点突出西崦湖中的"崦光岚影"。

生态民俗游览区：规划主要景点10处，即香雪海、烈士陵园、窑上农家乐、西施滩、桂馨园、撷果园、木荷观赏园、拦胜山房、铜井泉潭、乡土植物园，重点突出香雪海中的"梅海香雪"和桂馨园中的"桂香馨远"。

山林宗教名胜游览区：规划主要景点7处，即司徒庙、圣恩寺、宗教文化公园、石壁精舍、石嵝庵、真假山石刻园和南山公园，重点突出圣恩寺中的"圣寺佛光"。

太湖人家游乐区：规划主要景点4处，即太湖船餐观光城、太湖人家、太湖影视城和湖滨休闲娱乐城，重点突出太湖人家中的"渔港归帆"。

田园风光游览区：规划主要景点1处，即农家民俗风情园。

自然生态游览区：规划主要景点1处，即丛林探险。

漫山湖岛观光区：规划主要景点2处，即稻香村、渔人村，重点突出渔人村中的"鸢飞鱼跃"景观。

### 4.旅游线路规划

水上游览线：东崦湖—虎山—西崦湖—浮庙墩—太湖古水口—西施滩—影视基地—漫山岛—太湖人家—返回镇区。

植物名胜游览线：西崦湖公园—卧龙山（木荷观赏园）—西碛山—铜井山—香雪海—悬墓山—返回镇区。

宗教文化游览线：铜观音寺—塔山公园—司徒庙—石嵝庵—石壁精舍—圣恩寺—返回镇区。

镇区游览线：古镇风貌—东崦草堂—塔山公园—铜观音寺—司徒庙—香雪海。

通过与周边乡镇(西山、东山等)的联合，形成二日游、三日游的旅游线路。

### 5.镇区旅游规划

文化游览：以光福寺塔与东崦草堂为主体，辅以遗迹、景点、展览馆等设施，展示光福古镇的传统特色，形成分布广泛的以文化主题的游览活动。

商市游览：以大街、南街商市为主体，结合周边的改造，明确旅游商业与其他商业服务设施，形成具有地方特色的商市游览活动。

民俗游览：以小巨角地段为主体，辅以成片的居住地段，共同构成展示地方民风的集中区域；同时恢复一些地方传统活动，形成民俗游览的主要内容。

水乡风情游览：以福溪河为主体，辅以两侧成片的建筑与桥梁等附属设施，展现出古镇水乡文化的特质，形成独具风味的水乡风情游览活动。

规划编制单位：江苏省城市规划设计研究院

光福　香雪海1（朱炎　摄影）

光福　香雪海2（缪克强　摄影）

市区　江苏省历史文化名镇

金 庭（西山）

金庭（西山）　古河埠（苏州市规划局　提供）

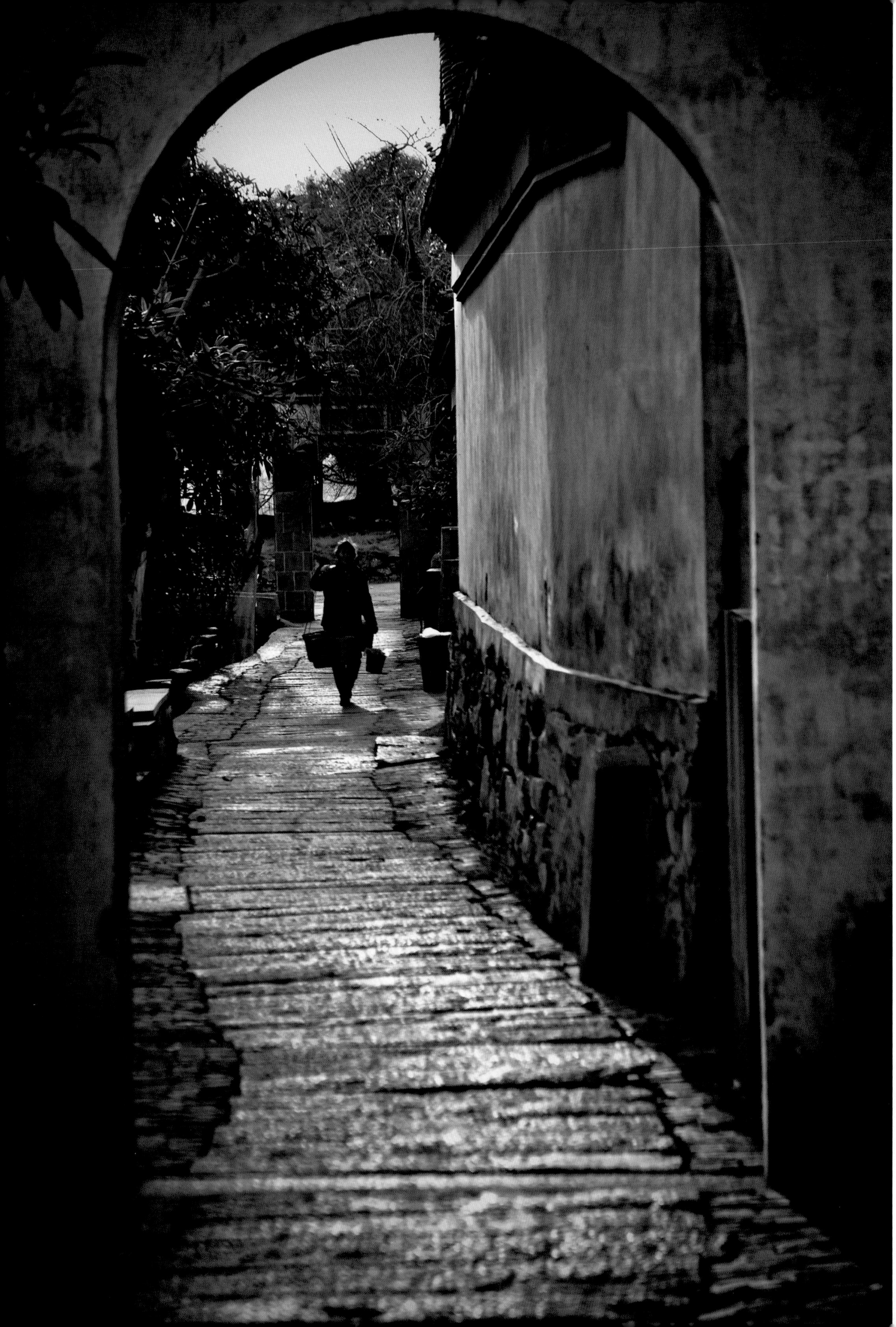

金庭（西山）　金色的小路（缪克强　摄影）

金庭镇（西山）世称洞庭西山，地处湖心，位于苏州市西南端，距苏州古城45km。这里水路航运四通八达，地理位置优越，素有"太湖明珠"之美称。

# ■ 一、现状概况

### 1.自然地理

西山岛南北长11km，东西长15km，面积79.82km²，是中国内湖第一大岛，辖境包括西山主岛及周围太湖大小岛屿二十多个，镇域陆地总面积82.36km²，其中60%是低山和丘陵。这里四季分明，温暖湿润，降水丰沛，日照充足，无霜期较长。

### 2.历史沿革

早在五六千年前的新石器时代，金庭镇（西山）就有人类居住。夏初，禹治水（约公元前21世纪），在西山留下禹期山等遗迹。商末，生活于陕西渭水流域的泰伯、仲雍兄弟为避让王位，由中原来到太湖流域，建"太伯邑"，称"勾吴"，西山始属吴境。清雍正十三年（1735年）西山由太湖厅管辖，咸丰十年（1860年）属湖州，同治二年（1863年）秋属苏州府。民国元年（1912年）7月，西山归属吴县。1983年，西山被列为国家第一批重点风景名胜区，1999年被批准为江苏省卫生镇和江苏省历史文化名镇。2007年6月，西山镇正式更名为金庭镇。

### 3.社会经济

金庭镇工业以采石、建材、果品加工、轻工和机电为主，以旅游和房地产业为龙头的第三产业发展迅速，一大批新景点和旅游服务设施相继建成。

# ■ 二、镇域保护规划

### 1.自然山水保护

设立6个景区进行保护与开发：田园农业观光区、驾浮名胜游览区、消夏湾民俗游览区、缥缈峰生态游赏区、山乡古镇风俗游览区、太湖风情观光区；将金庭主要的山体水系及其周边需控制的区域划入核心区控制，包括驾浮名胜游览区消夏湾民俗游览区、缥缈峰生态游赏区、太湖风情观光区及山乡古镇风俗游览区的大部分，将以镇区为主的平原区域作为一般保护区进行控制，包括田园农业观光区和山乡古镇风俗游览区的一小部分。

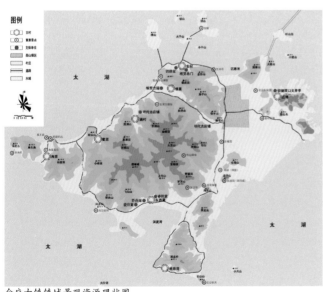

金庭古镇镇域景观资源现状图

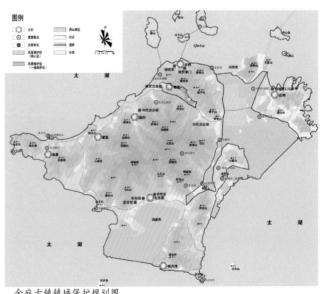

金庭古镇镇域保护规划图

**金庭(西山)古镇文物保护单位**

| 名称 | 地址 | 公布年份市级 | 公布年份省级 | 备注 | 名称 | 地址 | 公布年份市级 | 公布年份省级 | 备注 |
|---|---|---|---|---|---|---|---|---|---|
| 林屋山摩崖石刻 | 林屋山 | 1986年 | 1995年 | | 爱日堂花园 | 西蔡 | 1986年 | | 私房 |
| 栖贤巷门 | 东村 | 1986年 | 2002年 | | 芥舟园 | 秦家堡 | 1986年 | | 私房 |
| 涵村古店铺 | 涵村 | | 2002年 | | 诸稽郢墓 | 乘汇 | 1986年 | | |
| 敬绣堂 | 东村 | | 2002年 | 私房 | 秦仪墓 | 秦家堡 | 1986年 | | |
| 石公山 | 石公山 | 1986年 | | | 高定子、高斯道墓 | 包山寺 | 1997年 | | |
| 春熙堂花园 | 东蔡 | 1986年 | | | 双井亭 | 后埠 | 1997年 | | |
| 童子面石刻罗汉像 | 罗汉寺 | 1997年 | | | 植里古道古桥 | 植里 | 1997年 | | |
| | | | | | 禹王庙 | 甪里 | 1986年 | | |

### 2.古村落保护

苏州市第一批控制保护古村落中金庭镇有7个，分别为明月湾、东村、植里、堂里、后埠、东西蔡、甪里古村落，规划增加涵村一个古村落。

古村落保护范围分两个层次：重点保护区和传统风貌协调区。

### 3.文物保护单位保护

镇域范围内现有省级文物保护单位4处，市级文物保护单位10处，对各级文物保护单位划定保护范围和建设控制地带。

### 4.控制保护建筑保护

金庭镇域内现有已公布的控保建筑26处。按照《苏州市古建筑保护条例》的要求，控保建筑应当划定古建筑保护范围，并根据实际需要划定相应的风貌协调保护区。

### 5.历史建筑保护

历史建筑的保护要求，根据建筑的历史文化价值以及完好程度，分为三类：

1）对建筑的立面、结构体系、平面布局、庭院和内部装饰具有特色和相对完整的历史建筑，规划建议列为控制保护建筑，按照控保建筑的保护要求进行保护；

2）建筑的立面和结构体系不得改变，建筑内部允许改变；

3）建筑的主要外立面不得改变，其他部分允许改变。

### 6.古树名木保护

一级古树名木以其垂直投影范围向外扩展5～10m；二级古树名木为其垂直投影范围向外扩展3～5m。该范围内应以绿地为主，周边建构筑物不得影响树木的生长。

**金庭(西山)古镇控制保护建筑名录**

| 名称 | 时代 | 地点 | 名称 | 时代 | 地点 |
|---|---|---|---|---|---|
| 仁本堂 | 清代 | 西山镇堂里村 | 瞻瑞堂 | 清代 | 西山镇明月湾村 |
| 沁远堂 | 清代 | 西山镇堂里村 | 仁德堂 | 清代 | 西山镇明月湾村 |
| 容德堂 | 清代 | 西山镇堂里村 | 姜宅 | 清代 | 西山镇明月湾村 |
| 黄氏宗祠 | 清代 | 西山镇明月湾村 | 徐家祠堂 | 清代 | 西山镇东村 |
| 遂志堂 | 清代 | 西山镇堂里村 | 学圃堂 | 清代 | 西山镇东村 |
| 瞻乐堂 | 清代 | 西山镇明月湾村 | 绍衣堂 | 清代 | 西山镇东村 |
| 秦家祠堂 | 清代 | 西山镇明月湾村 | 敦和堂 | 清代 | 西山镇东村 |
| 礼和堂 | 清代 | 西山镇明月湾村 | 萃秀堂 | 清代 | 西山镇东村 |
| 礼畊堂 | 清代 | 西山镇明月湾村 | 孝友堂 | 清代 | 西山镇东村 |
| 明月湾凝德堂 | 清代 | 西山镇明月湾村 | 源茂堂 | 清代 | 西山镇东村 |
| 汉三房 | 清代 | 西山镇明月湾村 | 凝翠堂 | 清代 | 西山镇东村 |
| 明月寺 | 民国14年 | 西山镇明月湾村 | 太湖营军用码头 | 清代 | 西山镇堂里村 |
| 揄耕堂 | 清代 | 西山镇明月湾村 | 明月湾古码头 | 清代 | 西山镇明月湾村口 |

### 7.非物质文化遗产的保护

民俗文化展示：包括民族节庆时的民俗活动展示以及部分民居内的祭祖、敬神、祈祷、婚俗等自发性民俗活动的展示。

湖鲜饮食文化：突出家乡口味，主要利用当地水产如菱藕、莼菜等和新鲜鱼虾为原材料，注重不同时令的变化；丰富原有的特色饮食，尤其是已经名闻遐迩的太湖三白等。

传统工艺：恢复部分富有生活情趣的传统工艺店，如雕刻、古玩、刺绣等，制作者可以现场加工，边做边卖。

## ■ 三、古村落保护规划

### （一）明月湾保护规划

#### 1.保护内容

明月寺、瞻瑞堂、瞻禄堂、宗德堂、凝德堂、礼耕堂、礼和堂、秦家祠堂、吴家祠堂、黄家祠堂、邓家祠堂、古码头、明月桥、辑光牌楼、千年古樟等13处文物保护单位及文物控制点的保护，明月湾古村整体风貌的保护，街巷格局的保护，古村周围自然环境的保护。

#### 2.古村落保护范围划定及控制要点

重点保护区：规划确定明月湾棋盘街两侧周边一定范围为重点保护区，此区域内集中了所有控制保护单位，以及一定的明清建筑遗存，面积3.2hm²。

风貌协调区：整个明月湾古村落规划范围内扣除重点保护区以外的区域，面积4.8hm²。

#### 3.保护及开发要点

保护古村传统街巷格局，拆除各类景观障碍点，恢复原有特色。逐步分期分批改造完善区内的基础设施，使其符合现代生活的要求。

开发民居古宅游，改建部分古宅为民居旅馆。

### （二）东村保护规划

#### 1.保护内容

栖贤巷门、崇德堂、孝友堂、维善堂、朗润堂、萃秀堂、敦和堂、锦绣堂、绍衣堂、学圃堂、榴根堂、徐家祠堂、方桂堂、义门等10处文物保护单位及文物控制点的保护，东村古

明月湾文物古迹分布图

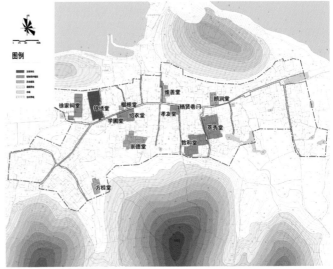

东村文物古迹分布图

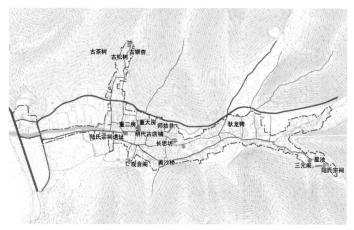

涵村文物古迹分布图

后埠文物古迹分布图

村整体风貌的保护，街巷格局的保护，古村周围自然环境的保护。

**2.古村落保护范围划定及控制要点**

重点保护区：规划确定东村古街两侧周边一定范围为重点保护区，此区域内集中了所有控制保护单位，以及一定的明清建筑遗存，包括栖贤巷门、崇德堂、孝友堂、维善堂、朗润堂、萃秀堂、敦和堂、锦绣堂、绍衣堂、学圃堂、榴根堂、徐家祠堂、方桂堂、义门等，面积4.8hm$^2$。

风貌协调区：整个东村古村落规划范围内扣除重点保护区以外的区域，面积7.46hm$^2$。

**3.保护及开发要点**

保护现有的风貌格局，拆除各类景观障碍点，恢复原有特色。逐步分期分批改造完善区内的基础设施，使其符合现代生活的要求。见缝插绿，提高环境质量。

打造特色风貌带，改造古村入口地段，疏浚河道，保持河水清澈、畅通。

**（三）植里保护规划**

**1.保护内容**

植里古道、永丰桥、古樟群、秀之堂、里庵、金氏宗祠、罗氏宗祠等多处文物保护及文物控制点的保护，植里古村整体风貌的保护，街巷格局的保护，水巷的保护。

**2.古村落保护范围划定及控制要点**

重点保护区：规划确定植里古街两侧周边一定范围为重点保护区，此区域内集中了所有控制保护单位，以及一定的明清建筑遗存，包括植里古道、永丰桥、古樟群、秀之堂、里庵、金氏宗祠、罗氏宗祠等，面积12.41hm$^2$。

风貌协调区：整个植里古村落规划范围内扣除重点保护区以外的区域，面积10.59hm$^2$。

**3.保护及开发要点**

保护现有的风貌格局，拆除各类景观障碍点，恢复原有特色。逐步分期分批改造完善区内的基础设施，使其符合现代生活的要求。见缝插绿，提高环境质量。

打造响水涧、西新街、高田港三条特色风貌带，改造西新街北部入口地段，疏浚河道，保持响水涧、高田港河水清澈、畅通。

**（四）堂里保护规划**

**1.保护内容**

仁本堂、容德堂、沁远堂和遂知堂等5处控制保护建筑，崇德堂、凝德堂、礼本堂、南更楼等多处历史建筑，堂里古村整体风貌的保护，街巷格局的保护。

**2.古村落保护范围划定及控制要点**

重点保护区：规划确定河西巷及小学巷周边范围为重点保护区，此区域内，集中了所有控制保护单位，以及一定的明清建筑遗存，面积5.7hm²。

风貌协调区：整个堂里古村落规划范围内扣除重点保护区以外的区域，面积9hm²。

**3.保护及开发要点**

保护现有的风貌格局，拆除各类景观障碍点，恢复原有特色。逐步分期分批改造完善区内的基础设施，使其符合现代生活的要求。见缝插绿，提高环境质量。

打造堂里街、南更楼巷、河西巷三条特色风貌带。

**（五）后埠保护规划**

**1.保护内容**

后埠井亭、承志堂、费孝子祠、介福堂、戚家老屋等一处文保建筑和多处历史建筑，后埠古村整体风貌的保护，街巷格局的保护。

**2.古村落保护范围划定及控制要点**

重点保护区：后埠古村落内重点保护区是以后埠街、后埠岭为核心整体风貌完整的区域，面积1.2hm²。

风貌协调区：整个后埠古村落规划范围内扣除重点保护区以外的区域，面积5.5hm²。

**3.保护及开发要点**

保护现有的风貌格局，拆除各类景观障碍点，恢复原有特色。逐步分期分批改造完善区内的基础设施，使其符合现代生活的要求。见缝插绿，提高环境质量。

重点打造后埠街以及后埠西街、戚家巷三条特色风貌带。

**（六）东西蔡保护规划**

**1.保护内容**

春熙堂花园、爱日堂花园、芥舟园、秦仪墓、褚稽呈墓等3处文保单位与多处历史建筑，东西蔡古村整体风貌的保护，街巷格局的保护。

**2.古村落保护范围划定及控制要点**

重点保护区：规划确定东西蔡主要街道两侧周边一定范围为重点保护区，此区域内集中了所有控制保护单位，以及一定的明清建筑遗存，包括春熙堂花园、爱日堂花园、芥舟园、秦仪墓、褚稽呈墓等，面积18.96hm²。

风貌协调区：整个东西蔡古村落规划范围内扣除重点保护区以外的区域，面积33.22hm²。

**3.保护及开发要点**

保护现有的风貌格局，拆除各类景观障碍点，恢复原有特色。逐步分期分批改造完善区内的基础设施，使其符合现代生活的要求。见缝插绿，提高环境质量。

规划以东西蔡古街为轴，对周边建筑进行整饬，恢复古街原有风貌，并在古街两端设置两处入口，布置少量居民、游客共用公共服务设施，注重对古街向四周延伸街巷、相邻院落的整治，提供邻里级的活动空间，最终形成网络化、层级制的古村落空间体系。

**（七）涵村保护规划**

**1.保护内容**

明清时代的古民居4处，古祠堂遗址2处，古寺遗址1处，古庙4处（包括遗址），古店铺1处，古街1处，古桥1座，古井、古池2口，古树3株；涵村古村整体风貌的保护，街巷格局的保护。

**2.古村落保护范围划定及控制要点**

重点保护区：规划确定涵村主要街道两侧周边一定范围为重点保护区，此区域内集中了所有控制保护单位，以及一定的明清建筑遗存，面积18.71hm²。

风貌协调区：整个涵村古村落规划范围内扣除重点保护区以外的区域，面积4.39hm²。

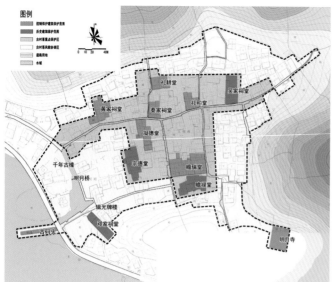

明月湾保护范围规划　　　　　　　　　明月湾土地利用规划

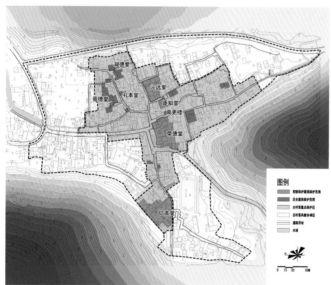

堂里保护范围规划　　　　　　　　　堂里土地利用规划

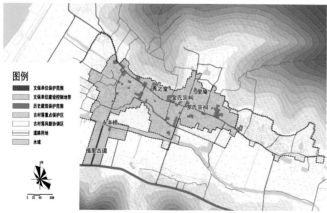

植里保护范围规划　　　　　　　　　植里土地利用规划

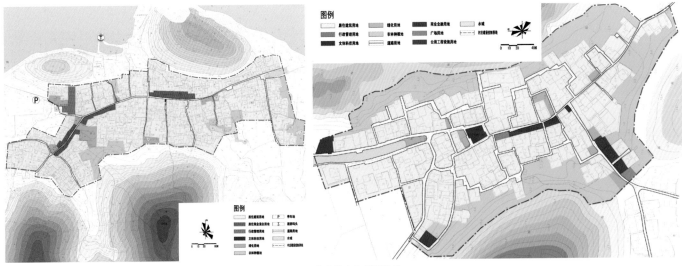

东村土地利用规划

东西蔡土地利用规划

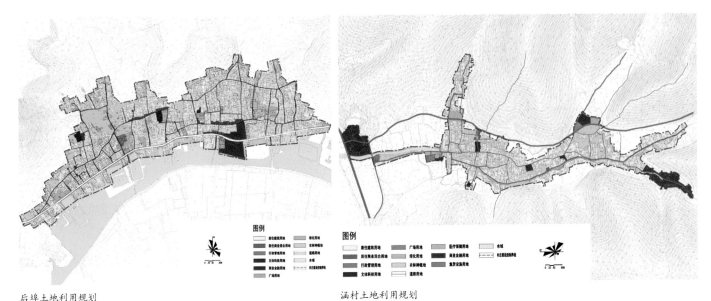

后埠土地利用规划

涵村土地利用规划

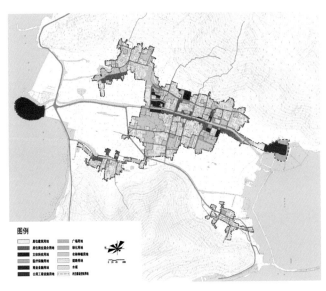

角里土地利用规划

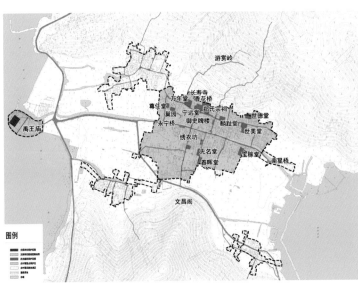

角里保护范围规划

**3.保护及开发要点**

保护现有的村庄格局，拆除各类景观障碍点，恢复原有特色。逐步分期分批改造完善区内的基础设施，使其符合现代生活的要求。见缝插绿，提高环境质量。重点打造南北向两条主要步行道，形成特色风貌带。

### （八）甪里保护规划

**1.保护内容**

禹王庙、郑泾港、永宁桥、孤星桥、御史牌楼等现存明清时代古民居11处，古祠堂遗址1处，古寺遗址1处，古庙1处，古桥3座，古港口、码头各1处，古牌楼3处，古井、古泉3口，古树1株，古塔遗址一处，山岭遗址一处；甪里古村整体风貌的保护，街巷格局的保护。

**2.古村落保护范围划定及控制要点**

重点保护区：规划确定甪里主要街道两侧周边一定范围为重点保护区，面积14.76hm²。

风貌协调区：整个甪里古村落规划范围内扣除重点保护区以外的区域，面积7hm²。

**3.保护及开发要点**

保护现有的村庄格局，拆除各类景观障碍点，恢复原有特色。逐步分期分批改造完善区内的基础设施，使其符合现代生活的要求。见缝插绿，提高环境质量。重点打造河街特色风貌带。

# ■ 四、古村落整治规划

### （一）明月湾

**1.土地利用规划**

现状用地大部分予以保留并完善，入口区域局部改造成商业用地，并严格控制。

引进必须的旅游商业服务设施，通过土地置换使保护区入口地段形成一定的传统商业风貌氛围，具有指示性。

保留原有道路结构，对路面进行修缮加固；在入口处及河街两侧的节点地段设置公共绿地，形成开放空间；原有园地通过置换，部分改造成绿地；其他用地保持现状。

**2.绿化系统规划**

在重点保护区的出入口设置一块集中绿地做入口广场，在主要街巷节点、明月寺与居住区之间布置公共绿地；重点保护区内河道两侧建设沿河绿化；明月湾棋盘街两侧，适合绿化的空地，布置绿化，构筑街道景观。

### （二）东村

**1.土地利用规划**

现状用地部分予以保留并完善，沿东村古街两侧局部改造成商住用地，并严格控制规模。

引进必须的旅游商业服务设施，通过土地置换使东村古街具有一定的传统商业风貌。

原有道路用地基本保留，适当进行修缮整治，使其更完善；绿化用地在入口处及古街两侧的节点地段设置公共绿地，形成开放空间；原有空地全部置换成绿地；其他用地保持现状。

**2.绿化系统规划**

在重点保护区的出入口设置一集中绿地做入口广场，在主要街巷节点、明月寺与居住区之间布置公共绿地。

东村古街两侧，在街巷交汇处适合绿化的地方，见缝插绿，构筑街道绿化景观。

### （三）植里

**1.重点地段整治**

**1）古村西入口及"水巷"区域**

规划将纵向的"植里古道—永丰桥—古樟群"与横向的夏泾港形成的"十"字空间段落

作为该村旅游休闲的主题空间之一。修缮破败建筑，更新为茶楼、社区活动等公共功能性建筑，补充入村门楼、河埠、万年台等传统村落应具备的各类建筑、空间与景观元素，重点整治入口河道及"水巷"水体环境。

**2）古村东入口及"水街"区域**

在东部南北轴线上，沿夏泾港支流规划一条水街，汇聚各类公共共享空间，展现古村的各类活动场。重现东入口水埠码头的昔日繁华景观，改造供销社原有建筑，整治"水街"沿街景观和河道景观，增设商铺、茶楼、饭铺及土地祠、庙会广场等旅游服务建筑。

**2.绿化系统规划**

沿水体两岸带状延伸，结合水系呈点状或片状布置；整理现有开敞绿地，在适当区域开辟新的绿色空间。

**（四）堂里**

**1.土地利用规划**

重点保护仁本堂、容德堂、沁远堂、遂知堂等控保建筑，挖掘新的有价值的历史建筑；沿堂里街除保留现有的单位及公共设施用地外，增加为旅游配套的商业及服务业用地，形成堂里商业一条街，为游客及附近村民服务；在堂里街西侧、重点保护区范围入口处新增游客中心一处，为游客提供一体化服务；规划增加停车场地和疏散广场；利用拆除违章搭建以及部分零星建筑空地，形成绿地、开敞空间等；现状工业用地调整为居住用地、公共服务设施用地和绿地；规划增加部分市政设施用地，主要为污水处理设备、垃圾收集站、配电房、公厕等用地。

**2.绿化系统规划**

严格保护古村落周围山体绿化与山体轮廓；严格保护古村落及周边地段所有古树名木，加强保护管理，严禁随意砍伐。

古村落内不宜搞大规模集中绿地，充分利用现有空地，拆除的建筑空地形成小型的街头绿地，提高古村落绿地率，美化环境，丰富景观，且便于居民使用。

**（五）后埠**

**1.土地利用规划**

利用原有蒋家老屋，规划一处管理用房；恢复历史上的三处古巷门：乌门、徐家巷门、蒋家巷门，在村口规划一巷门；沿后埠岭、后埠街布置商业配套设施，并规划一处村民活动中心；在村口规划一处停车场；利用拆除违章搭建以及部分零星建筑空地，规划形成绿地、开敞空间等；规划增加部分市政设施用地，主要为污水处理设备、垃圾收集站、配电房、公厕等用地。

**2.绿化系统规划**

严格保护古村落周围山体绿化与山体轮廓。

严格保护古村落内登记的古树名木，10年树龄以上的树木不得砍伐。

充分利用现有空地，拆除的建筑空地形成小型的街头绿地，提高古村落绿地率，美化环境，丰富景观，便于居民使用。

提高村民的生态意识，整治庭院空间，提倡庭院空间的绿化布置，提高庭院绿化率。

注重古村落树种和其他植物的搭配，要有别于城镇绿化，多种植本土树种和花木，以种植花果为主，如柑橘、白果、枇杷、板栗、杨梅、梅子、桃子、碧螺春茶叶等，丰富绿化层次。

**（六）东西蔡**

**1.土地利用规划**

规划以"村－片区－邻里单元"三级来组织古村落的空间，与东西蔡古村落保护规划的"一轴、两心、四片"的空间结构协调。

规划以东西蔡古街为轴，对周边建筑进行整饬，恢复古街原有风貌，并在古街两端设置两处入口，布置少量居民、游客共用公共服务设施，形成村级的公共活动中心。

以四处历史建筑较集中的历史地段为核心，根据自然地形地貌、道路分隔，形成居住片区。注重对古街向四周延伸街巷、相邻院落的整治，提供邻里级的活动空间，最终形成网络化、层级制的古村落空间体系。

东蔡村和西蔡村各分为"一心两片"，通过东西蔡古街联系，形成一个有机的整体。

**2.绿化系统规划**

对村内绿化空间和水系整理，设置视觉通道，加强缥缈峰与消夏湾的联系，结合保护规划中历史地段的划分，构成"三廊、四片、多点"的绿化景观体系，最终形成"山地－田园－村落－庭院"生态体系。

**（七）涵村**

**1.土地利用规划**

总体结构为"两轴、三点、四片"。

**2.重点地段的保护与整治**

**1）古店铺游览区**

古店铺游览区保护与整治从两个方面入手：一是对入口环境进行整治，布置停车场地，拆除搭建建筑，新建曲廊水亭，并对原有入口二层建筑进行改造作为旅游的服务设施；二是对古店铺、重大房、重二房进行环境整治，组织合适的旅游线路。

**2）孙坞野营探险区**

本区设计重在整治，对现有的断垣残壁进行加固修整以符合安全要求，对三元阁遗址作一定程度的整理修复，增加陆氏支祠室内的原有设施，增强地域的历史沧桑感；同时新建便利服务设施、青年旅馆，增加步行便道，加强现状建筑的可达性。同时与缥缈峰景区开发相结合，增设户外运动、探险、登山、野营等设施配套，打造太湖户外运动基地。

**3.绿化系统规划**

主要结合步行旅游道路设置广场与绿地，兼顾村民日常使用。整治建设村内零散绿地。

**（八）甪里**

**1.土地利用规划**

总体结构为"一河、一巷、六节点"。

**2.重点地段的保护与整治**

在保持传统空间文脉的基础上，对郑泾港两岸街道空间与牌楼所在巷道进行重点空间整治，重现原有历史空间格局；同时对街巷空间两侧建筑的体量、形式、色彩进行重点整治，恢复古村传统风貌。

具体的整治内容应包括街道空间界面整治、街道空间节点整治、水体环境整治、街道两侧建筑整治、环境景观设施的整治。

**3.绿化系统规划**

依据现状空间环境特点与村民的行为习惯，设计小型的绿地、广场、水巷、水池等开放空间体系。

# ■ 五、建筑保护要求

**1.文保单位**

建筑与环境必须按文物保护法的要求进行保护，不允许随意改变原有的状况、面貌与环境，如需进行必要的修缮，必须在专家的指导下按原样修复。周边建筑与环境应与文保单位风貌相协调。新建建筑不得破坏区内整体风貌。

建筑控高与屋顶坡度尺度比例

东西蔡建筑保护与更新模式

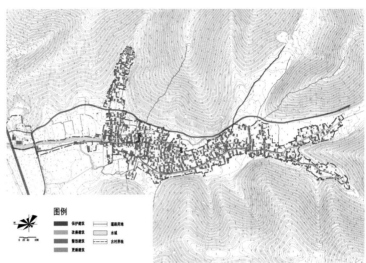

涵村建筑保护与更新模式

东村建筑保护与更新模式

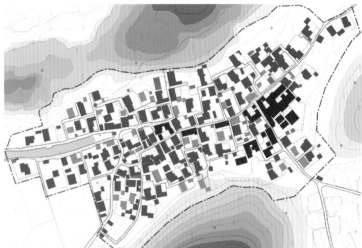

后埠建筑保护与更新模式

明月湾建筑保护与更新模式

植里建筑保护与更新模式

## 2.控保单位

不得随意改变和破坏原有建筑的布局、结构和装修，不得任意改建、扩建。

## 3.历史建筑

修缮工作必须在专家的指导下按原样进行，修复工作必须严格按规定程序进行。鼓励原样修复和对外观的整饬，允许内部功能置换与更新以及部分的拆除与加建，加建部分应与原建筑尺度协调统一。

## 4.建筑更新

采取保护、改善、整饬、更新等多种形式。

## 5.建筑限高

各级文保单位、文保单位控制带、历史建筑及重要河街两侧建筑应保持现高，历史文化保护区内其他地区只保留一、二层建筑，三层以上非历史建筑物必须拆除。

历史文化保护区内一层建筑檐高控制为2.7~3m，二层建筑檐高控制为5.1~5.7m。在历史文化保护区内，除保持现高地段外，入口地段建筑檐口限高3m，其他地段建筑檐口限高5.7m。

在保持现高的区域内，不允许改变现有建筑物高度，不允许随意加层。在拆除非保护建筑另建新建筑时，新建建筑物的高度不得超过被拆除建筑物的高度。在限高3m的区域内，任何新建或改建建筑物的檐口高度均不得高于3m。在限高5.7m的区域内，任何新建或改建建筑物的檐口高度均不得高于5.7m，对保护建筑的改建不得超过原建筑物的高度。建筑屋顶坡度控制在25°~35°之间。

# ■ 六、旅游发展规划

## 1.整体形象定性

以太湖风景名胜区整体优势为依托，以西山太湖风光及自然山体群岛景观、传统历史文化、文物古迹、民俗风情和田园花果为地方特色，建设风景优美、历史悠久、文化深厚、民风纯朴的综合性游览区。

## 2.镇域旅游规划

### 1）六大景区规划

田园农业观光区、驾浮名胜游览区、消夏湾民俗游览区、缥缈峰生态游赏区、山乡古镇风俗游览区及太湖风情观光区。

### 2）景点规划

田园农业观光区：规划主要景点4处，即农业高科技观光园、天皇荡休闲垂钓中心、地质博物馆及鹿村稻浪。

驾浮名胜游览区：规划主要景点8处，即梅园、古樟园、包山禅寺、林屋洞、罗汉寺、石公山、镇夏古镇及赏湖翠房。

消夏湾民俗游览区：规划主要景点10处，即消夏离宫、明湾古村、烽火连城、明月山庄、荷莲碧秀楼、东西蔡古村、消夏渔枋、祭祀园、太湖水寨及观音园。

缥缈峰生态游赏区：规划主要景点9处，即缥缈仙阁、果园小筑、原野俱乐部、纪念林、果林苑圃、水月坞、万花谷、枫林溢彩阁及赏秀亭。

山乡古镇风俗游览区：规划主要景点15处，即鹿角观涛、治水纪念园、揽湖山廊、野生动物放养园、桔海梨云、堂里古镇、涵村古店铺、东湾古樟群、碧螺茶园、植里古道、绿竹园、金庭古镇、东村古村、山乡秀野台及生肖石。

太湖风情观光区：规划主要景点6处，即石雕园、游船俱乐部、湖滨度假村、水上游乐岛、湖岛人家及太湖大桥。

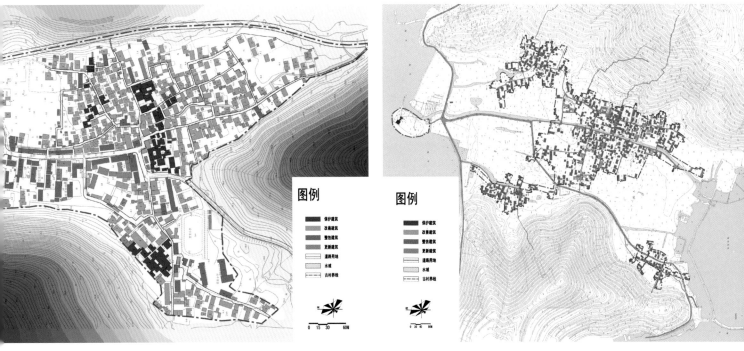

堂里建筑保护与更新模式                                             角里建筑保护与更新模式

### 3.旅游线路规划

#### 1）一日游线路

山乡古镇风俗游览区—消夏湾民俗游览区—缥缈峰生态游赏区—驾浮名胜游览区；

山乡古镇风俗游览区—田园农业观光区—驾浮名胜游览区—消夏湾民俗游览区；

山乡古镇风俗游览区—缥缈峰生态游赏区—驾浮名胜游览区—田园农业观光区。

#### 2）二日游线路

山乡古镇风俗游览区—田园农业观光区—驾浮名胜游览区—消夏湾民俗游览区—缥缈峰生态游赏区—太湖风情观光区；

山乡古镇风俗游览区—缥缈峰生态游赏区—消夏湾民俗游览区—驾浮名胜游览区—田园农业观光区—太湖风情观光区。

#### 3）三日游线路

山乡古镇风俗游览区—消夏湾民俗游览区—缥缈峰生态游赏区—驾浮名胜游览区—田园农业观光区—太湖风情观光区；

山乡古镇风俗游览区—田园农业观光区—驾浮名胜游览区—消夏湾民俗游览区—缥缈峰生态游赏区—太湖风情观光区。

规划编制单位：江苏省城市规划设计研究院

金庭（西山）梅海（江峰　摄影）

苏州
古镇
保护规划

市区（吴江）

# 同里

中国历史文化名镇（第一批）

同里 退思园（缪克强 摄影）

同里镇位于苏州市吴江区东北部，地处太湖沿岸大运河畔，四面临水，八湖环抱，是太湖流域典型的水乡古镇。1981年被列为国家级太湖风景区13个景区之一，2003年被列为首批国家历史文化名镇。

# 一、历史沿革与文化资源

### 1.历史沿革

唐初在九里湖南形成村市，因自然条件优越而得名"富土"，后因"富土"名太侈，改名铜里。北宋初建镇，设巡检司，拆字为同里，沿用至今。清朝和民国期间，同里"居民日增，市镇日广"。2003年，同里镇共设6个社区、19个行政村，其中7个行政村为吴江经济开发区代管。

### 2.文化特色

同里作为吴文化地区，一方面继承了吴文化以水为核心，稻作、蚕桑、渔、船、桥等多种形式的文化表现，另一方面，结合富足、闲适、安静的居住环境，形成了以退思园、丽则女学为代表的，重文、重教、重民的江南士绅文化，以陈去病为代表的革命文化，以走三桥为代表的民俗文化，以天主教堂为代表的宗教文化。

### 3.历史价值

明清为吴中巨镇，居民千百家。现存完整的明清时期城镇面貌，是一个活态的、明清江南水乡古镇的典型代表。

河湖自然景观、江南水乡风貌、明清江南园林和大宅院、廊棚、跨街楼、街巷、窄弄、古桥、河埠、石驳岸、古树等，具有明清江南水乡艺术特色；同时，同里古镇明清江南水乡城镇的规划思想、江南园林和民居建筑与园林以及传统桥梁的建造技艺具有较高的科学价值。

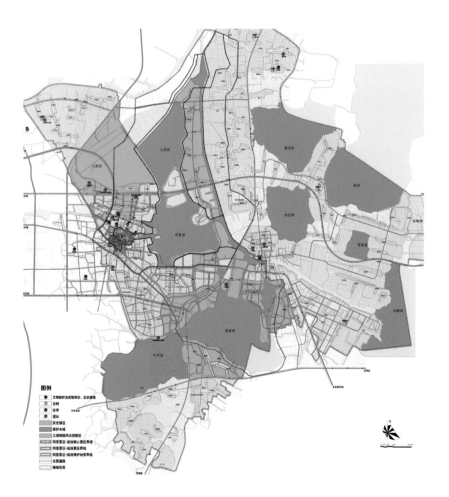

同里古镇镇域历史文化
遗产保护图

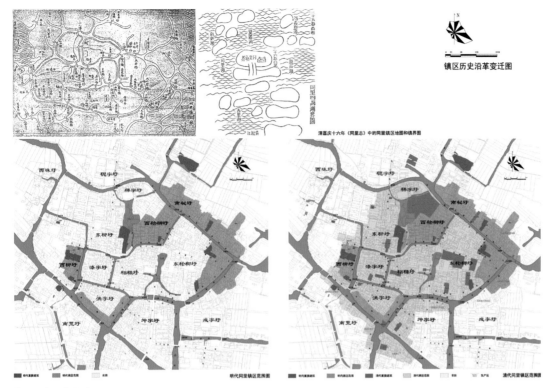

镇区历史沿革变迁图

# ■ 二、镇域保护

### 1.历史文化价值

同里镇域的历史文化价值体现在：萌芽于新石器时代，始建于北宋，繁荣于明清的悠久历史；九里湖、同里湖、南星湖、叶泽湖、沐庄湖、黄泥兜、澄湖、白砚湖以及周边的田园风光组成的自然环境；依存于河网、散布于田园的自然村落。

### 2.保护对象与保护措施

镇域范围内的所有湖泊不得填埋，并逐步改善水质；九里湖、同里湖、南星湖、叶泽湖周围地域内的所有非断头河道不得填埋，并逐步改善水质；九里湖、同里湖、南星湖、叶泽湖和肖甸湖周边地域内所有林木必须保护，并增加林木的覆盖率；湖泊沿岸应该保留开敞空间，保持历史镇区北部以及九里湖、同里湖、南星湖周围的田园风光；保护镇域范围内所有的文物保护单位和文物控制单位；保护镇域内具有历史文化价值的传统建筑及其周边环境；合理落实《太湖风景名胜区规划》的要求；镇域的村镇改造与建设应充分考虑与历史镇区空间肌理的融合。

# ■ 三、历史镇区保护

### 1.历史镇区范围

同里历史镇区范围为北到后港，南到南荒圩，西至南板桥，东到肖家浜，面积约54.0hm²。其中历史文化名镇核心保护范围为清末古镇区的四至范围，面积约30.2hm²，建设控制地带为核心保护范围周边需要在景观和风貌上与核心保护范围协调的区域，面积约23.8hm²。

### 2.历史镇区文化价值

同里历史镇区的历史文化价值体现在：镇内圩河共存、岛桥相连的圩岛状水乡城镇格局和河街空间体系；完整的明清时期江南水乡居住建筑风貌；同里特有的士绅文化、革命文化、历史人文和民居传统。

### 3.建筑评价

对历史镇区范围内的建筑物、构筑物，根据其风貌、质量、年代、功能、高度、产权、结构等采取相应措施，实行分类保护。

同里历史镇区建筑功能以居住为主，传统风貌建筑和1949年前建造的建筑有较高比例，

**同里古镇文物保护单位及文物控制单位名录**

| 名称 | 级别 | 建造年代 | 结构材料 | 原有功能 | 使用功能 | 地址 |
|---|---|---|---|---|---|---|
| 退思园 | 全国重点文物保护单位、世界遗产 | 清光绪十一年 | 砖木 | 园林 | 开放参观 | 新填街234号 |
| 丽则女学 | 江苏省文物保护单位 | 清代 | 砖木 | 书院 | 开放参观 | 新填街235号 |
| 耕乐堂 | 江苏省文物保护单位 | 明清 | 砖木 | 民居 | 开放参观 | 上元街127号 |
| 陈去病故居 | 江苏省文物保护单位 | 清、近现代 | 砖木 | 民居 | 开放参观 | 三元街15号 |
| 同里名镇 | 江苏省文物保护单位 | 明、清、近现代 | 木、砖木 | 城镇 | 参观、居住 | 同里镇 |
| 务本堂 | 苏州市文物保护单位 | 清光绪 | 砖木 | 民居 | 居住 | 新填街叶家墙门 |
| 崇本堂 | 苏州市文物保护单位 | 民国 | 砖木 | 民居 | 开放参观 | 富观街18号 |
| 嘉荫堂 | 苏州市文物保护单位 | 民国 | 砖木 | 民居 | 开放参观 | 竹行街125号 |
| 富观桥 | 苏州市文物保护单位 | 元代 | 砖石 | 桥 | 步行 | 富观街 |
| 卧云庵 | 苏州市文物保护单位 | 明嘉靖 | 砖木 | 坛庙 | 开放参观 | 上元街135号 |
| 庞氏宗祠 | 苏州市文物保护单位 | 民国 | 砖木 | 祠堂 | 开放参观 | 富观街珍珠塔景点内 |
| 杨天骥故居 | 苏州市文物保护单位 | 民国 | 砖木 | 民居 | 居住 | 东溪街107号 |
| 王绍鏊故居（留耕堂） | 苏州市文物保护单位 | 清代 | 砖木 | 民居 | 居住 | 富观街36号 |
| 世德堂 | 苏州市文物保护单位 | 清代 | 砖木 | 店铺 | 商业 | 新填街158号 |
| 庆善堂 | 苏州市文物保护单位 | 民国 | 砖木 | 民居 | 居住 | 东溪街116号 |
| 南园茶社 | 苏州市文物保护单位 | 清、民国 | 砖木 | 店铺 | 商业 | 鱼行街86号 |
| 余德堂 | 苏州市文物保护单位 | 民国 | 砖木 | 民居 | 居住 | 新填街5号 |
| 普安桥 | 苏州市文物保护单位 | 明代 | 砖石 | 桥 | 步行 | 盐店埭 |
| 寿山堂 | 苏州市文物保护单位 | 明末清初 | 砖木 | 民居 | 居住 | 三元街78号 |
| 三桥（长庆、太平、吉利桥） | 苏州市文物保护单位 | 清代 | 砖石 | 桥 | 步行 | 金家湾 |
| 西宅别业 | 苏州市文物控制单位 | 明代 | 砖木 | 民居 | 居住 | 富观街21号 |
| 承恩堂 | 苏州市文物控制单位 | 明末清初 | 砖木 | 民居 | 居住 | 上元街107号 |
| 三谢堂 | 苏州市文物控制单位 | 明、清 | 砖木 | 民居 | 居住 | 富观街52号 |
| 慎修堂 | 苏州市文物控制单位 | 清代 | 砖木 | 民居 | 居住 | 东溪街97号 |
| 同知署旧址 | 苏州市文物控制单位 | 清代 | 砖木 | 衙署 | 居住 | 富观街4号 |
| 陈氏旧宅 | 苏州市文物控制单位 | 清代 | 砖木 | 民居 | 开放参观 | 富观街珍珠塔景点内 |
| 侍御第 | 苏州市文物控制单位 | 明代 | 砖木 | 民居 | 居住 | 新填街120号 |
| 任氏宗祠 | 苏州市文物控制单位 | 清代 | 砖木 | 祠堂 | 居住 | 东溪街103号 |
| 泰来桥 | 苏州市文物控制单位 | 清代 | 砖石 | 桥 | 步行 | 马家廊下 |
| 中元桥 | 苏州市文物控制单位 | 清代 | 砖石 | 桥 | 步行 | 朱家弄 |
| 永寿桥 | 苏州市文物控制单位 | 清代 | 砖石 | 桥 | 步行 | 栅桥村 |
| 潘氏墙门 | 苏州市文物控制单位 | 明末清初 | 砖木 | 民居 | 居住 | 鱼行街210号 |
| 乌金桥 | 苏州市文物控制单位 | 清代 | 砖石 | 桥 | 步行 | 鱼行街 |
| 思本桥 | 江苏省文物保护单位 | 宋代 | 砖石 | 桥 | 步行 | 同兴村桥港里 |
| 天放楼、红楼 | 苏州市文物保护单位 | 民国 | 砖木 | 书院 | 办公、教育 | 富观街同里中学内 |
| 大兴桥 | 苏州市文物控制单位 | 民国 | 砖石 | 桥 | 步行 | 栅桥村 |
| 何家坟 | 苏州市文物控制单位 | 新石器 | —— | 墓葬 | —— | 九里村南 |

注：名录中建筑根据保护级别排序。

同里古镇历史镇区范围划定图　　　　　　　　　　　　　同里古镇镇区周边自然生态格局保护图

历史镇区整体保持着传统风貌，建筑及空间保持了传统的尺度，公有和集体所有建筑比例较高，这些都为保留和提升镇区历史文化价值提供了良好的条件。但是，镇区内建筑又存在部分明清建筑质量一般，部分位于重要位置的建筑高度偏高、产权复杂等问题，需通过针对性的政策予以解决。

### 4.历史镇区周边自然生态格局保护

在历史镇区周边划定自然环境景观控制范围，保护"五湖环绕"的自然生态格局。

1）重点控制历史镇区与九里湖间的田园空间，改善河湖水体的水质，保持田园景观和村落风貌。在田园景观控制范围内，现有村落就地改建，不宜扩张；在总体规划空间管制的禁建区内不得进行新的开发建设；在总体规划空间管制限建区内，新的开发建设容积率控制在0.05以下，建筑高度控制为6.2m。

2）控制后港、南大港－中元港、大燕港等历史镇区与五湖连接的空间廊道。以上河道段两岸50m范围内的自然景观和建筑风貌，应与历史镇区传统风貌形成有序的衔接。在该田园景观控制范围内，不得进行新的开发建设，同时对现有建筑物的改建，其建筑高度控制为6.2m。

### 5.历史镇区保护控制规定

#### 1）空间结构保护

保持历史镇区的"九圩"空间结构；保持历史镇区核心保护范围内整体的空间尺度和建筑高度；保护历史镇区核心保护范围内街巷和河道的传统风貌；保护历史镇区核心保护范围内重要空间界面的特征；历史镇区建设控制地带内的更新改建和新建项目，应该延续历史镇区的传统肌理、街巷尺度、河道空间特征。

#### 2）传统风貌街巷保护

传统风貌街巷共25条。传统风貌街巷不得拓宽；保持现有的街巷空间尺度，严格控制沿街建筑高度；保持街巷两侧界面的连续性与多样性性；保护沿线树木、古井、围墙、传统路面铺装等历史环境要素；对非传统风貌的街巷应该结合镇区和建筑的更新改造，以传统街巷特征为参考，逐步优化其两侧的空间界面以及街巷空间尺度。

#### 3）传统风貌河道保护

传统风貌河道共计9段。不得填没、改道和拓宽；改善水质；保持现有的河道与两侧建筑构成的空间尺度，严格控制沿河建筑高度；保持河道两侧空间界面的连续性与多样性；保护沿线树木、古桥、驳岸和埠头等历史环境要素；保持沿河外街、沿河内街、沿河廊棚、内

建筑控高与屋顶坡度的比例尺度

注：图中坡度"25°、30°"表示屋顶坡度的允许范围为25°～30°之间。

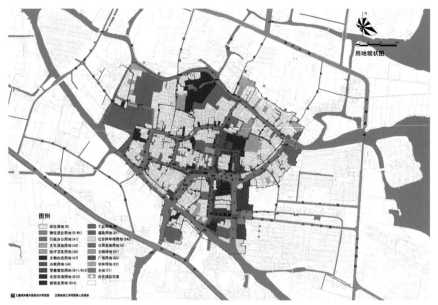

同里古镇用地现状图

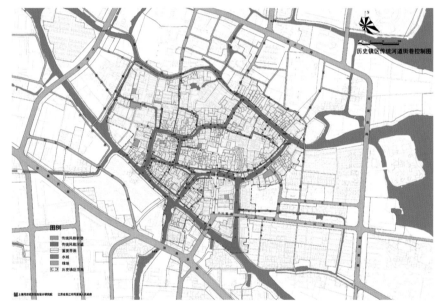

同里古镇历史镇区河
道街巷控制图

外街等传统河街空间形式；对非传统形式河街空间应该结合镇区和建筑的更新改造，以传统河街空间特征为参考，逐步优化其两侧的空间界面以及河道空间尺度，同时必须保留有价值的、能体现同里水乡特点的重要历史信息。

4）重要界面保护

重要界面是指传统风貌街巷和传统风貌河道两侧能表现同里古镇传统特色的空间界面。

保持现有的尺度和多样性；不允许改变现有的界面边界、立面轮廓线，严格控制新建、改建建筑的性质、高度、体量、色彩及形式。

5）建筑高度控制规定

各级文物保护单位及文物控制单位、历史建筑及传统风貌河道、传统风貌街巷两侧的建筑高度保持现高。

上元港以南、南板路以东地区，建筑（檐口）限高为9m；同里历史镇区范围内的其他区域建筑限高（檐口）6.2m。

在保持现高的区域内，改建和新建建筑物不允许改变现有建筑物的檐口高度以及坡屋顶形式及其坡度。

相邻建筑高度控制规定：与文物保护单位及文物控制单位相邻的新建、改建和扩建建筑的建筑高度，不得高于前后左右相邻的文物保护单位及文物控制单位中最高部分的建筑（檐口）高度。

在历史镇区内，当各类建筑高度控制规定不一致时，以严格控制为原则。

## 6.建筑保护与更新

对历史镇区范围内的建筑物、构筑物，区分不同情况，根据其风貌、年代、质量、功能、高度等状况，采取相应措施，实行分类保护，采取修缮、修复、整治和更新、整治或改

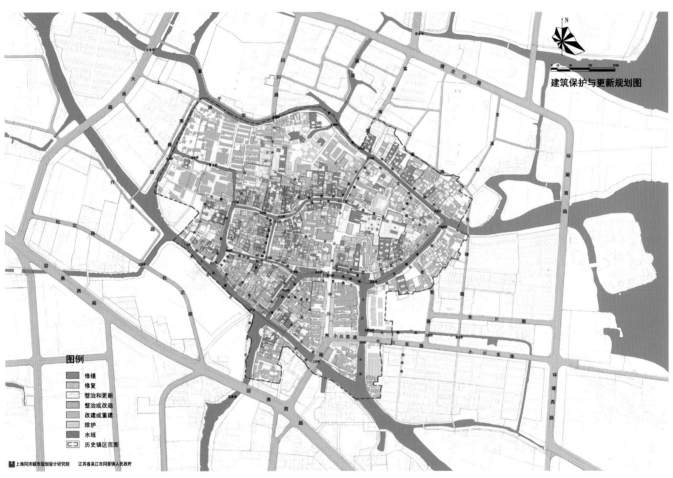

同里古镇建筑保护与更新规划图

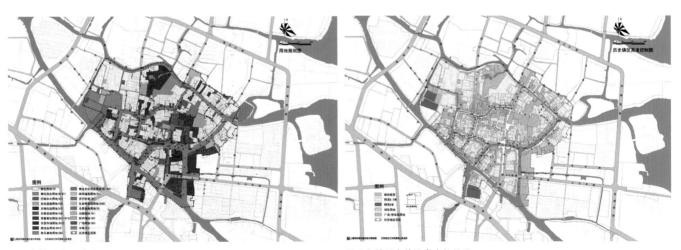

同里古镇用地规划图　　　　　　　　　　　　同里古镇历史镇区高度控制图

同里古镇历史环境要素分布图

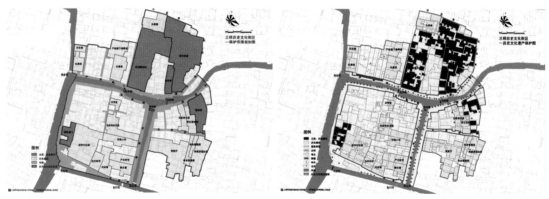

三桥历史文化街区保护范围规划图　　　　　　三桥历史文化街区历史文化遗产保护图

造、改建或重建、维护等措施。

　　同里历史镇区内，修缮建筑占18.54%，修复建筑占21.73%，整治和更新占8.49%，整治或改造占27.81%，改建或重建占15.54%，维护占7.90%。

**7.历史环境要素保护**

　　历史环境要素指反映地方历史文化特征的环境要素，如桥梁、驳岸、廊棚、过街楼、河埠及揽船石、古树名木、古井、院落围墙、石阶、街巷铺地等。历史环境要素应原址保护，维护整修时应保持其原有特征，使用传统材料、传统工艺。

**8.功能定位**

　　同里历史镇区以居住、文化和旅游功能为主体。其中包括了为居民居住以及游客旅游两个系统服务的商业、服务功能和文化、管理功能，以及部分为主体功能直接服务的产品加工功能。

# ■ 四、历史文化街区保护

### 1.保护范围

三桥历史文化街区：以太平桥、吉利桥、长庆桥为核心的"T"字形区域。北到石皮弄，南到闵家湾，西至广仁桥，东到嘉荫堂，面积4.6hm$^2$。

### 2.保护措施

整体保护街区内的文物保护单位和文物控制单位、历史建筑和传统建筑。

整体保护街区的空间格局、空间尺度、街巷河道的传统景观特征和传统风貌。

整体保护街区内的驳岸、埠头、揽船石、树木、古井、院落及围墙、石阶、街巷铺地等历史环境要素。

# ■ 五、物质和非物质文化遗产保护利用

### 1.不可移动文物保护

1) 保护对象：不可移动文物37处。

2) 不可移动文物的保护范围：参照相关政府批复所划定保护范围和建设控制地带，不作变更。

3) 保护原则：对不可移动文物进行修缮、保养、迁移，必须遵守不改变文物原状的原则，以保证文物的安全。

4) 保护措施：文物保护单位及文物控制单位的保护范围和建设控制地带内应按照相关规定进行保护，并报相应等级的文物主管部门审批。在建设控制地带内，必须保持现有的空间肌理与尺度，当各级建设控制地带相互重叠时，以严格控制为原则。

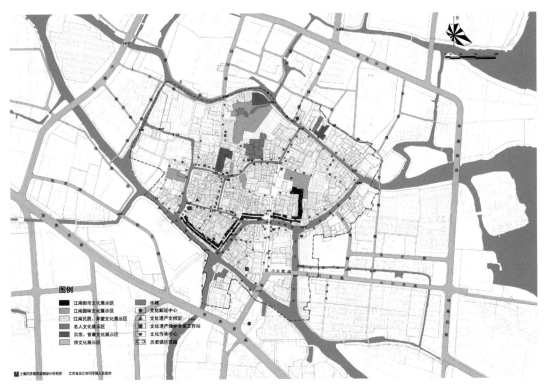

同里古镇非物质遗产保护与利用规划图

## 2.历史建筑的保护

同里镇域范围内的历史建筑共72处。历史建筑应当保持原有的高度、体量、外观及色彩等；历史建筑不得损坏或者擅自迁移或拆除；对历史建筑进行外部修缮装饰及改变历史建筑结构的，应当经吴江市人民政府城乡规划主管部门会同同级文物主管部门批准，并依照有关法律、法规的规定办理相关手续；历史建筑应遵守《历史文化名城名镇名村保护条例》的保护控制规定。

## 3.点状历史文化遗产的保护

同里的点状历史文化遗产指位于历史镇区之外、零星分布的文物保护单位及文物控制单位、历史建筑、古树、古井等历史文化遗产。包括文物保护单位及文物控制单位4处（思本桥、天放楼、大兴桥、何家坟），历史建筑2处（万安桥、大庙桥），古树7棵，古井1处（屯村华源酒店西间的宋代古井）。

点状历史文化遗产本体及周边环境的保护，应根据其自身的保护等级遵循相应的法律法规进行保护。

## 4.其他历史遗存的保护

对同里镇域内的14处遗址，应通过在原址设立标识等方式保留历史信息。

## 5.物质文化遗产的利用

依据遗产的价值，结合其保护要求，以功能变更为主要方式分类利用物质文化遗产。

物质文化遗产使用功能变更应优先考虑博物馆、展览馆、文化中心、会所、旅馆等功能，兼顾考虑社区文化、社区活动等社区发展功能。延续部分历史建筑的原有功能同样是一种积极的遗产利用方式，包括居住功能，特别是原住民的居住。

## 6.非物质文化遗产的保护

同里的非物质文化遗产包括传统戏曲、传统礼仪、传统技艺三大类型。

组织力量，对当地代表性非物质文化遗产项目进行记录、建档、认定等；收集并保护上述非物质文化遗产的实物，确认并保护承载上述非物质文化遗产的文化场所；开展认定代表性项目传承人的工作；扶持代表性项目传承人和教育研究机构开展传承活动；同里非物质文化遗产的保护应遵循《中华人民共和国非物质文化遗产法》（2011年）。

## 7.非物质文化遗产利用

### 1）利用方式

根据同里非物质文化遗产的类型，采用不同的利用方式，主要包括：

文化旅游：利用民间习俗和民间信仰类非物质文化遗产，形成独具特色的旅游景点或旅游项目，如走三桥、出会和传统节气的民间活动等，以专题日、专题节等形式组织参与性强的旅游节庆活动，打造文化旅游系列活动品牌。

传统产业：对闵饼、袜底酥、麦芽塌饼等地方产品，通过特殊技艺的整理、研究、挖掘，发扬光大其生产工艺，并进行专业化经营，形成地方特色经济，并为旅游产品注入地方元素。

民间演出：对宣卷等民间戏曲类非物质文化遗产，通过新的编排，成为具有地方民族特色和市场效益的文化旅游节目。

本土餐饮：挖掘地方的传统食材、烹饪手艺、菜谱及饮食活动形式，发展具有本土特色的餐饮业。

### 2）利用空间载体与旅游组织

以非物质文化遗产的传承与推广为目标，结合旅游开发与组织，在保护现存的非物质文化遗产的文化场所的基础上，设置传承、展示、推广非遗的物质空间场所。

（1）结合旅游服务中心的建设，设置同里文化遗产解说中心。

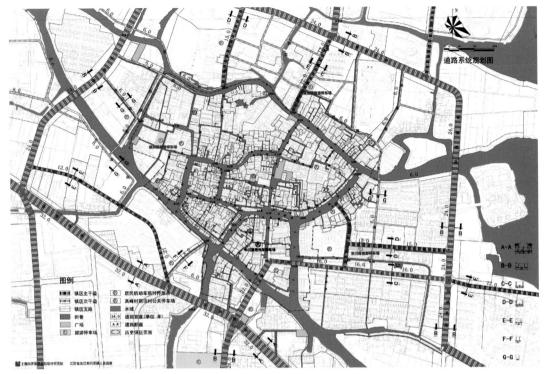

同里古镇道路规划图

（2）利用传统民居，设置同里文化遗产文档中心，收集、整理同里的历史文档，记录同里现时的活动与变化。

（3）结合传统民居利用，设置同里传统文化传承中心，传授培训、展示表演同里传统的民间戏曲与民间手工技艺。

（4）结合镇区内现有文化设施，设置同里文化遗产研究专家工作站，开展文化遗产保护与利用的现场研究与交流。

将上述四类项目分散布置在历史镇区内，并串联在组织的旅游线路上，在历史镇区可以形成名人文化游、古街名铺游、古镇民俗游、水乡风情游等四类旅游主题。

（1）名人文化游。以退思园、耕乐堂、嘉荫堂、崇本堂、珍珠塔等为载体，并通过对部分名人故居的维修更新，开辟各类展示同里士绅文化的博物馆、遗产展示馆。以南园茶社、陈去病故居为载体，开辟参观与体验相结合的近代革命文化游。

（2）古街名铺游。以明清街、东埭、南埭为载体，辅以在民居区中沿河或位于传统街巷中的餐饮服务设施和旅游商品商店，以阿婆茶、麦芽塌饼等为品牌，形成各具风情的古街名铺游。

（3）古镇民俗游。以三桥历史街区、南棋杆、东棋杆、退思园广场等为载体，以走三桥、春台戏、出会、宣卷演出等传统民俗和宗教活动为内容，形成参与型民俗游。

（4）水乡风情游。拓展水上游览线，以历史镇区内的河道、石桥、小船为载体，辅以将部分民居有限开放为民居游览点，同时延伸至历史镇区以外的河道湖泊，以田园自然村落中的农家乐为驻留点，形成以游客自主游览为特色的水乡风情游。

规划编制单位：上海同济城市规划设计研究院

同里　悠闲的清晨　（王晔　摄影）

苏州
古镇
保护规划

市区（吴江）中国历史文化名镇（第七批）

黎里

黎里　柳亚子纪念馆赐福堂（平一德　摄影）

黎里镇　老街（平一德　摄影）

黎里　夕阳老街（吴江区规划局　提供）

黎里镇地处苏州市吴江区东部，位于苏、沪、浙两省一市交界处。由原黎里、芦墟、北厍、莘塔、金家坝五镇合并而成，总面积约258km²。根据吴江城镇体系规划，松陵、盛泽为吴江主城区，震泽、黎里为两个城市副中心。镇总体规划定位为繁荣、生态、宜居的现代化江南水乡特色名镇，苏州临沪现代化城镇。2008年公布为江苏省历史文化名镇，2014年公布为中国历史文化名镇。

# ■ 一、现状概况

### 1.历史沿革

黎里镇是随着吴江市域空间发展战略调整，经历了三次较大的行政区划调整。最早，黎里、芦墟、北厍、莘塔、金家坝五乡镇合并为黎里、芦墟两镇；2006年，黎里、芦墟两镇合并成为汾湖镇；2013年，原汾湖镇更名为黎里镇。

### 2.文化特色

吴文化实际上是一种水文化，包括由水文化滋养而形成的稻作文化、渔文化、船文化、桥文化、蚕桑文化。吴文化又是一种开放性的区域文化，吴文化的历史可以理解成是一部不断融合、吸取、整合周边地区文化，并不断丰富自身内容的历史。黎里镇以柳亚子为代表的南社革命文化和芦墟山歌为代表的苏南吴文化较为突出。

### 3.历史文化与价值

#### 1）历史文化价值

黎里镇的历史文化价值与特色体现为大区域内的明清时期江南水乡城镇，明清时期江南水乡城镇格局与风貌，沿线建筑风貌突出、历史环境要素密布的绿色主河道，大区域自然河湖生态景观，以及以柳亚子为代表的南社革命文化和芦墟山歌为代表的苏南吴文化。

#### 2）艺术与科学价值

河湖景观，江南水乡风貌，环境宜人、历史要素众多的市河，明清多进江南大宅院、廊棚、跨街楼、街巷、窄弄、古桥、河埠、石驳岸、古树等，具有明清江南水乡艺术特色和科学价值。

# ■ 二、镇域保护

### 1.自然生态格局的保护

建立以河湖为中心的自然生态格局的保护。

1）深化黎里镇总体规划中确定的生态控制区，即中心控制区、西北生态农业区、北部湖荡风貌景观区、东部元荡生态景观区、东南部城市滨水景观区和南部生态工业园区；新增黎里周边的西南部城市景观区。

保护控制要求：保持生态控制区内河湖水体的水质；生态控制区内河道两侧10m、湖荡两侧20m范围内控制为生态绿地；控制河湖两侧100m内的自然农田景观和建筑风貌，应与环境相协调。

2）保持黎里镇总体规划中确定的太浦河生态廊道，为太浦河两岸100m范围内。控制生态廊道的自然景观和建筑风貌，应与环境相协调。

3）整体保护自然河湖风貌，不得改变与历史镇区相互依存的自然景观和环境。

### 2.物质与非物质文化遗产

镇域范围内各类物质与非物质文化遗产115处，包括文保单位18处、历史建筑76处、历史古迹、其他物质文化遗存（包括古树名木、古桥、古牌坊和小品等）21处和非物质文化遗产。按照各类保护控制要求，加以点状保护，及时修缮，带动周边区域更新。

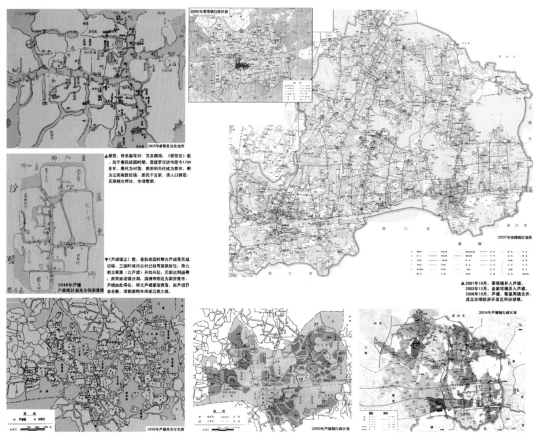

黎里古镇镇域历史沿革变迁图

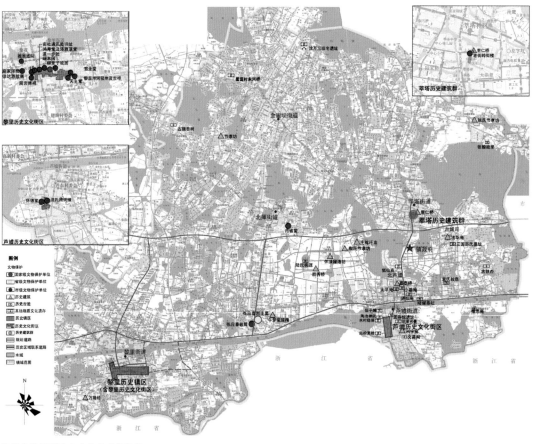

黎里古镇镇域历史文化遗产保护图

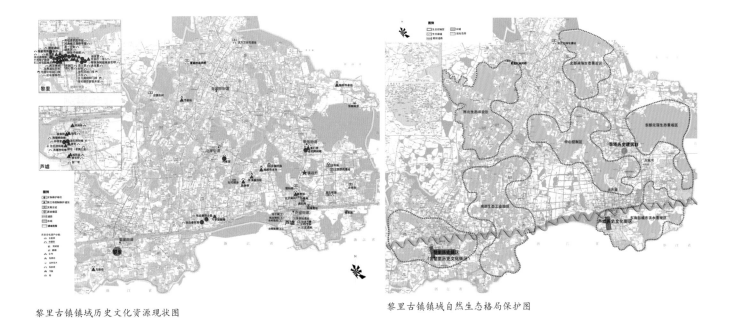

黎里古镇镇域历史文化资源现状图　　　　　　　　　　　黎里古镇镇域自然生态格局保护图

## 黎里古镇文物保护单位名录

| 名称 | 级别 | 建造年代 | 结构材料 | 原有功能 | 使用功能 | 地址 |
|---|---|---|---|---|---|---|
| 黎里 | | | | | | |
| 柳亚子旧居 | 国家级 | 清至民国 | 砖木 | 住宅 | 展览馆 | 黎里中心街 |
| 鸿寿堂及洛雅草堂 | 市级 | 明清 | 砖木 | 住宅 | 住宅 | 黎里浒泾街 |
| 端本园 | 市级 | 清代 | 砖木 | 花园 | 工会 | 黎里中心街 |
| 东圣堂 | 市级 | 清代 | 砖木 | 祠堂 | 宗教 | 黎里平楼街 |
| 周宫傅祠 | 市级 | 清代 | 砖木 | 祠堂 | 住宅 | 黎里南新街 |
| 徐达源故居 | 市级 | 清代 | 砖木 | 住宅 | 住宅 | 黎里梨花街 |
| 退一步处 | 市级 | 清代 | 砖木 | 住宅 | 住宅 | 黎里中心街 |
| 南社通讯处旧址 | 市级 | 清代 | 砖木 | 住宅 | 住宅 | 黎里浒泾街 |
| 禊湖道院和秋禊桥 | 市级 | 清同治五年（1866年） | 砖木 | 寺庙 | 寺庙 | 黎里西新街 |
| 天主堂 | 市级 | | | | | 黎里九南街 |
| 施家洋房 | 市级 | | | | | 黎里西新街北栅西岸路 |
| 黎里市河驳岸及古桥 | 市级 | 明清 | 砖木 | | | 黎里 |
| 芦墟 | | | | | | |
| 沈氏跨街楼 | 市级 | 民国12年(1923年) | 砖木 | 住宅 | 住宅 | 芦墟东南街 |
| 怀德堂 | 市级 | 民国15年(1926年) | 砖木 | 住宅 | 住宅 | 芦墟西中街 |
| 莘塔 | | | | | | |
| 莘塔跨街楼 | 市级 | 清光绪年间（1875～1908年） | 砖木 | 住宅 | 住宅 | 芦墟莘塔社区 |
| 镇城 | | | | | | |
| 张应春烈士墓 | 省级 | 1931年 | 砖木 | | 墓 | 黎里北库社区黎星村 |
| 内省堂 | 市级 | 清初 | 砖木 | 住宅 | 住宅 | 黎里北库社区梅墩村 |
| 张应春故居 | 市级 | 民国 | 砖木 | 住宅 | 住宅 | 黎里北库社区黎星村 |

注：名录中建筑根据保护级别和建筑年代排序。

## 3.名镇保护相关的道路交通

　　遵守黎里镇总体规划的总体路网骨架，梳理与黎里镇保护相关的道路交通，尤其是历史区域的道路交通联系。保护控制和强化沪苏浙高速公路、318国道及历史区域对外联系道路的道路景观特色。

| 街区 | 名称 | 建造年代 | 结构材料 | 原有功能 | 使用功能 | 地址 |
|---|---|---|---|---|---|---|
| | 全真道院石柱 | 元至顺四年（1333年） | 石 | | | 黎里梨花街 |
| | 李　厅 | 清康熙年间 | 砖木 | 住宅 | 住宅 | 黎里浒泾街 |
| | 汝氏砖刻门楼 | 清乾隆年间 | 石 | | | 黎里平楼街 |
| 黎里历史文化街区 | 中徐宅砖刻门楼 | 清乾隆年间 | 石 | | | 黎里浒泾街 |
| | 邱宅德芬堂敬承堂 | 清雍乾年间 | 砖木 | 住宅 | 住宅 | 黎里中心街 |
| | 王　宅 | 清道光年间 | 砖木 | 住宅 | 住宅 | 黎里中心街 |
| | 闻诗堂 | 清道光年间 | 砖木 | 住宅 | 住宅 | 黎里梨花街 |
| | 王三房砖刻门楼 | 清光绪十五年（1899年） | 石 | | | 黎里中心街 |
| | 进士第 | 清初 | 砖木 | 住宅 | 住宅 | 黎里平楼街 |
| | 沈宅鸳鸯厅 | 清末 | 砖木 | 住宅 | 住宅 | 黎里南新街 |
| | 新蒯厅 | 清末 | 砖木 | 住宅 | 住宅 | 黎里浒泾街 |
| | 东蔡厅（宅） | 清末 | 砖木 | 住宅 | 住宅 | 黎里东亭街 |
| | 德心堂 | 清末民初 | 砖木 | 住宅 | 住宅 | 黎里中心街 |
| | 彭宅 | 民国初年 | 砖木 | 住宅 | 住宅 | 黎里梨花街 |
| | 中共淞沪地委吴江秘密联络点 | 近现代 | 砖木 | 住宅 | 住宅 | 黎里梨花街 |
| 芦墟历史文化街区 | 泗州寺 | 唐景龙二年（708年） | 砖木 | 寺庙 | 拆除工厂 | 芦墟浦南路701号 |
| | 观音桥 | 清代 乾隆三十五年（1770年） | 石 | | | 芦墟老镇区北端 |
| | 登云桥 | 清嘉庆二年（1779年） | 石 | | | 芦墟老镇区南端 |
| | 城隍庙 | 清嘉庆二十四年（1819年） | 砖木 | 寺庙 | 寺庙 | 芦墟东南街 |
| | 黄宅 | 清光绪三年（1877年） | 砖木 | 住宅 | | 芦墟东南街 |
| | 陆宅 | 民国初（1912~1913年） | 砖木 | 住宅 | 住宅 | 芦墟泰丰路623号 |
| | 许氏跨街楼 | 1915年 | 砖木 | 住宅 | 住宅 | 芦墟西南街 |
| 莘塔地段 | 里仁桥 | 民国18年（1929年） | 石 | | | 芦墟莘塔社区 |
| 镇域（黎里街道） | 万隆桥 | 民国24年（1935年） | 石 | | | 黎里黎泾村 |
| 镇域（北厍街道） | 午梦堂蜡梅 | 明代 | | | | 黎里北厍社区叶周村 |
| | 怀清履洁坊 | 清乾隆十一年（1746年） | 石 | | | 黎里北厍社区东浜村 |
| | 胜秀桥 | 清道光二十二年（1842年） | 石 | | | 黎里北厍社区港上村 |
| 镇域（金家坝街道） | 节孝坊 | 清雍正十三年（1734年） | 石 | | | 芦墟金家坝梅田村 |
| 莘塔街道北侧 | 陈氏节孝坊 | 清乾隆十年（1745年） | 石 | | | 芦墟莘塔枫西村 |
| | 陶氏节孝坊 | 清乾隆十二年（1747年） | 石 | | | 芦墟新友村 |
| 镇域（北芦墟） | 嘉泰桥 | 清光绪十七年（1891年） | 石 | | | 芦墟芦北村 |

# ■ 三、黎里历史镇区保护

根据历代变迁资料，划定黎里历史镇区，面积约46.3hm²，保护古镇格局风貌及古镇内的文物点等。

## 1.历史文化价值

黎里历史镇区于春秋战国时期萌芽，明清时期已发展为江南商贸巨镇，是以市河为中心、规模较大的带型镇区。历史文化价值体现在由市河-沿河街道-廊棚-窄弄-院落构成的鱼骨状空间结构，宗教场所和商业街市结合形成城镇的中心，江南水乡风貌与黎里特有的书香文化、革命文化和历史人文等。

## 2.建筑评价

对历史镇区范围内的建筑物、构筑物，应当区分不同情况，根据其风貌、质量、年代、功能、高度等采取相应措施，实行分类保护。

黎里历史镇区，一类建筑风貌占15.1%，二类建筑风貌占27.3%，三类建筑风貌占43.7%，四类建筑风貌占13.8%，总建筑面积约为30.7m²。三四类风貌建筑占将近60%，而风貌突出的建筑约占15%。

黎里历史镇区民国以前建筑占40%左右，1949年后建筑占60%左右，1975年后新建改建建筑较多。

黎里历史镇区以住宅建筑为主，沿街为商住混合建筑，部分公共建筑、工厂穿插其中。

本规划建筑层数分一到四层。建筑层数以一、二层为主，但沿重要空间如河道、道路部分新建建筑为三四层的高度，对于古镇整体风貌影响较大。

历史镇区历史悠久，但风貌突出的建筑集中在沿主河道区域，建筑年代久远的建筑比例低且建筑质量普遍较差。建筑功能以居住为主，整体高度保持较好，但沿河重要区域建筑高度较高。

## 3.建筑保护与更新

对历史镇区范围内的建筑物、构筑物，应当区分不同情况，根据其风貌、年代、质量、功能、高度等，采取相应措施，实行分类保护。

黎里历史镇区，修缮建筑占6.8%，修复建筑占35.3%，整治更新占41.8%，改造改建占16.1%。由于1949年后建筑比例大，整治更新和改造改建建筑约占历史镇区建筑总量的60%左右。

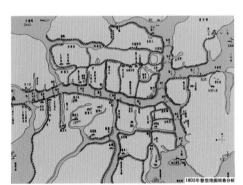

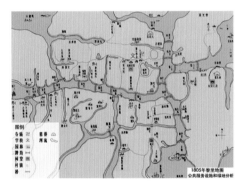

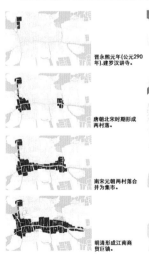

黎里历史镇区范围划定

1805年历史地图分析及黎里古镇保护范围划定

#### 4.空间的保护

空间的保护主要包括风貌街巷和风貌河道的保护。风貌街巷指沿线历史建筑较为集中、街巷尺度适宜、地方传统景观特色明显的街巷。风貌河道指沿线历史建筑较为集中、河道尺度适宜、地方传统景观特色明显的河道。

#### 5.历史镇区保护控制规定

历史镇区内严格控制新建、改建建筑的性质、高度、体量、色彩及形式，应与历史风貌相协调。

街巷格局：保持一河两街、鱼骨状的街巷格局，保持其空间尺度。

重要界面：重要建筑界面应保持传统风貌尺度，保持其多样性。

高度控制：历史镇区按保持限高、控高6.5m（两层）和控高9.5m（三层）进行控制。

#### 6.功能定位

黎里历史镇区以居住和文化休闲功能为主体，适当发展传统商业、民间艺术与旅游功能。

#### 7.土地利用调整

规划形成丁字河发展带、首尾两岛三组团的规划结构。

丁字河发展带：规划沿市河两侧形成丁字形发展轴，商业服务设施主要分布于浒泾南路、中心街、平楼街和梨花街等；市河南侧以居住用地为主。

首尾两岛三组团：古镇首尾两处绿岛（寺后荡、小官荡），以农田为主；街区三组团为清风桥—庙桥居住组团、浒泾南路入口—五亩园商业文化组团和何家浜—傅家浜居住组团。

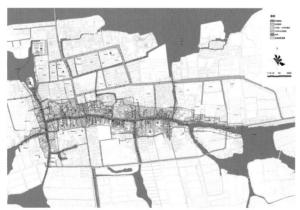

黎里历史镇区现状建筑年代

黎里历史镇区现状建筑高度

黎里历史镇区现状建筑风貌

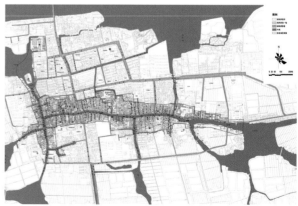

黎里历史镇区现状建筑质量

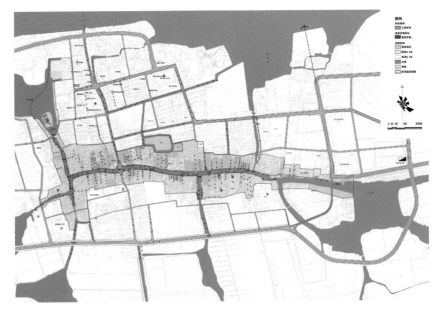

黎里历史镇区规划控制图

黎里历史镇区现状用地图

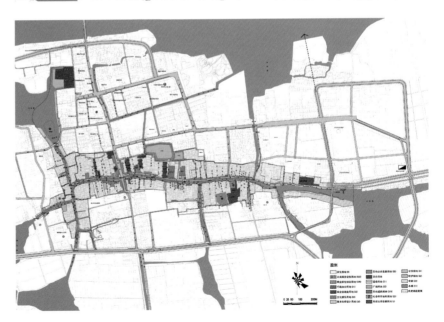

黎里历史镇区用地规划图

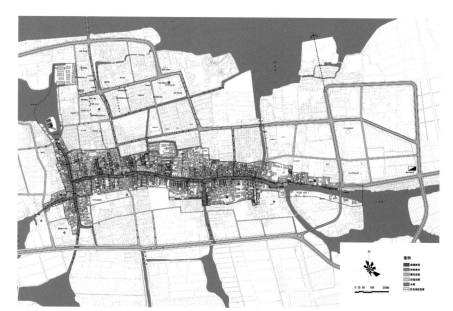

黎里历史镇区建筑
保护与更新规划图

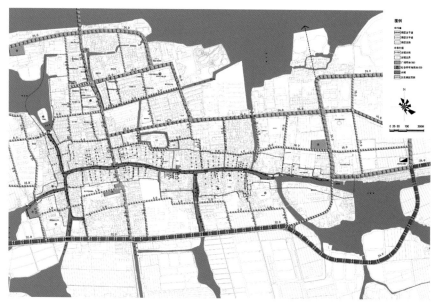

黎里历史镇区道路
交通规划图

### 8.人口规划

现状历史镇区约13750人左右。规划控制历史镇区的人口数量为9000人。外来人口比例控制在30%。

## 四、历史文化街区保护

### 1.保护范围划定

黎里历史文化街区：以市河为骨架的两侧区域，北到禊湖道院，南到南栅港，西至市河，东到八角亭，面积10.5hm²。

芦墟历史文化街区：以市河为骨架的两侧区域，北起东北街，南至登云桥，面积2.5hm²。

### 2.街区保护控制规定

保护文物保护单位、历史建筑、历史古迹和历史环境要素等，保持原有的高度、体量、外观形象及色彩等。

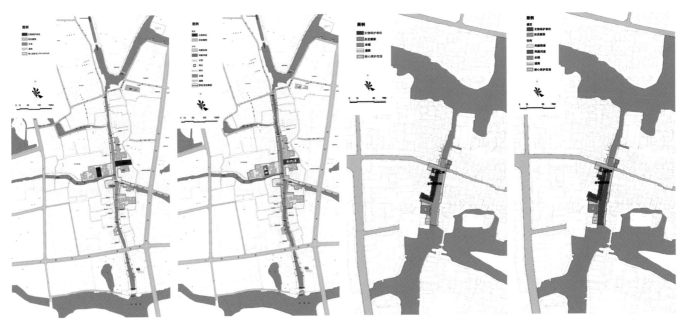

芦墟历史文化街区保护范围规划　　芦墟历史文化街区文化遗产保护图　　莘塔历史建筑群保护范围　　莘塔历史建筑群文物古迹分布

保持原有的空间格局、街巷河道网络等历史景观特征。

核心保护范围内，不得进行新建、扩建活动，必要的基础设施和公共服务设施除外。

### 3.历史建筑的保护

历史文化街区（黎里、芦墟）现存历史建筑63处，包括吴江市控制保护建筑22处。

### 4.空间的保护

空间的保护主要包括风貌街巷和风貌河道的保护。

1）风貌街巷：保持原有的街巷空间尺度，严格控制沿街建筑高度；保持街巷界面的连续性与丰富性；保护沿线树木、古井、围墙、传统路面铺装等历史环境要素，整修时应使用传统材料和地方树种。

2）风貌河道：不得填没、改道和拓宽；保持和改善水质；严格控制沿河建筑高度，保持河道界面的连续性与丰富性；保护树木、古桥、驳岸和埠头等历史环境要素，整修时应使用传统材料和地方树种。

### 5.历史环境要素

历史环境要素应保护其原有特色、风格、材质，整修时应修旧如旧。市河两侧的历史环境要素不可移动。

## ■ 五、各类物质和非物质文化遗产保护利用

### 1.文物保护单位的保护

1）文物保护单位：18处，其中国家级文物保护单位1处，省级文物保护单位1处，市级文物保护单位16处。

2）保护范围：规划参照相关政府批复所划定保护范围和建设控制地带为准，不作变更。

3）保护控制规定：

文物保护单位及各级保护范围内应按照《中华人民共和国文物保护法》、《中华人民共和国文物保护法实施条例》、《江苏省文物保护条例》等相关规定进行保护。

## 2.历史建筑的保护

### 1）历史建筑的确定

指镇域范围内所有历史建筑，共76处（包括控制保护建筑31处），12处位于镇域范围内，63处分布在历史文化街区，1处为莘塔历史建筑群。

### 2）保护控制规定

历史建筑应当保持原有的高度、体量、外观形象及色彩等；历史建筑不得损坏或者擅自迁移或拆除。

因公共利益需要进行建设活动或周边环境已不存在，对历史建筑无法实施原址保护、必须迁移异地保护的，应当由吴江区人民政府城乡规划主管部门会同同级文物主管部门，报省人民政府确定的保护主管部门会同同级文物主管部门批准。

对历史建筑进行外部修缮装饰、添加设施以及改变历史建筑的结构或者使用性质的，应当经吴江区人民政府城乡规划主管部门会同同级文物主管部门批准，并依照有关法律、法规的规定办理相关手续。

控制保护建筑应遵守《苏州市古建筑保护条例》的保护控制规定。

### 3）莘塔历史建筑群

莘塔历史建筑群是以市河为中心、以江南水乡成片跨街楼建筑为风貌特征的历史建筑集中区域。

莘塔历史建筑群是以市河为骨架的两侧区域，北起里仁桥，南至莘塔医院东侧，面积0.4hm²。由1处吴江区文物保护单位和1处历史建筑组成。

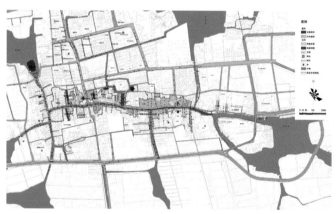

黎里古镇保护范围规划图

黎里古镇历史文化遗产保护图

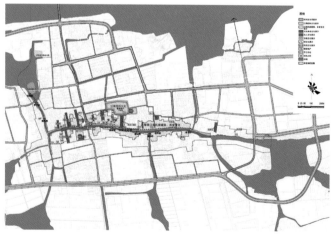

黎里历史镇区非物质文化保护规划图

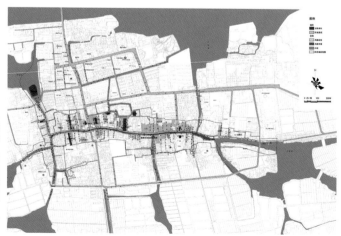

黎里历史镇区历史文化遗产分布图

保护文物保护单位、历史建筑、历史古迹和历史环境要素等，保持原有的高度、体量、外观形象及色彩等；保持原有的空间格局、街巷河道网络等历史景观特征。

### 3.历史古迹及其他物质文化遗存

历史古迹及其他物质文化遗存，必须加以保护，及时修缮；参照历史建筑控制要求进行保护。

### 4.点状物质文化遗存保护利用

点状历史文化遗产根据周边环境情况采用不同的保护利用方式：周边历史环境完整的，应加强历史文化遗产的保护维护工作，可适当开放为公共活动中心；周边历史环境大多已改建、翻建，可通过历史文化遗产的保护整修工作带动周边区域的发展，如结合历史文化遗产点的新农村建设等；周边环境已不存在，可采用迁建异地保护的方式进行。

### 5.非物质文化遗产的保护

组织力量，加强对当地的历史沿革、风物特产、传统地名、环境风貌、民风民俗等口述及其他非物质文化遗产的搜集、整理、研究和保护利用。

鼓励社会力量对流散在民间的传统文化艺术进行挖掘和整理，扶持教育研究机构培养有关专业人才以及名老艺人传徒、授艺。

扶持具有地方特色的民间传统工艺和民间手艺的整理和研究，保护、利用和发展传统工艺。

采用多样化、真实性和物化性原则进行保护利用，并加强培育独特性非物质文化遗产，如黎里南社革命文化和芦墟山歌等。

## ■ 六、旅游规划

### 1.旅游特色定位

根据上位规划，确定"悠游水黎里"，以中国江南水乡最精粹传统风貌河道为核心，以类型多样河湖环境为依托，以吴文化为纽带，以水乡观光、人居休闲、民俗体验为吸引力的苏南民俗文化旅游区。

### 2.旅游规划内容

#### 1）五大景区规划

田园农业观光区、太浦河风情观光区、河湖文化观光区、黎里古镇旅游区和芦墟古镇旅游区。

#### 2）五大景区内容

田园农业观光区：西北生态农业、北部湖荡风貌景观、东部元荡生态景观等。

太浦河风情观光区：外围自然风光、古今镇区风貌等。

河湖文化观光区：河湖水体观光、众多历史村镇等。

黎里古镇旅游区：以历史人文为主题的古镇旅游，内容主要为市河风情带、沿河街道、多进宅院、廊棚、园林、街巷窄弄等。

芦墟古镇旅游区：以休闲度假为主题的古镇旅游，内容主要为市河风情带、沿河街道、明清跨街楼、多进宅院、街巷等。

#### 3）历史胜迹

条件成熟时恢复"分湖八景"和"黎川八景"。

规划编制单位：上海同济城市规划设计研究院

黎里镇 老街（平一德 摄影）

黎里 汾湖（平一德 摄影）

苏州
古镇
保护规划

市区（吴江）
中国历史文化名镇（第七批）

震
泽

震泽 慈云寺塔

震泽 枕河人家（李志荣 摄影）

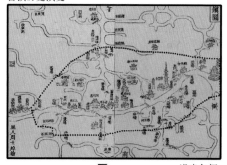

古镇历史演变

宋代设震泽镇，至今有800多年历史，自清末以前镇区一直是以塘河为轴线的一河两街的水乡格局。

民国24年开凿新开河，镇区向北拓展，民国25年新建60亩的震泽公园，逐渐形成两河夹一镇的格局；1937年日军占领震泽，烧毁镇区内大部分商店及民房，烧毁商店130家，房屋200余间，古镇风貌受到较大破坏。

解放后，百废待兴，城镇建设如火如荼；"文革"期间古镇又遭到极大的破坏；改革开放后，随着工业化进程加快，古镇区内建设了大量的工业厂房、体量较大的商品设施，既积压古镇的生存空间，又对古镇的风貌和格局产生较大的影响。随着震泽不断的建设和发展，现存的震泽古镇基本被新建的建筑（群）包围。

道光年间

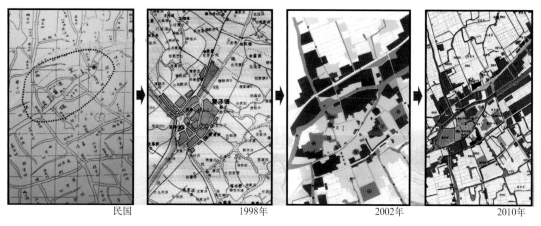

民国　　　　　　　　1998年　　　　　　　　2002年　　　　　　　　2010年

*震泽古镇空间形态演进图*

震泽是一个拥有二千多年历史的江南名镇，2001年公布为江苏省历史文化名镇，2014年公布为中国历史文化名镇。

# 一、历史文化特色与价值

### 1.著名的蚕丝之乡，蚕桑文化发达

自明代开始，作为蚕桑中心的震泽，四乡遍地栽桑，农民户户养蚕。家庭缫丝是震泽农民重要的经济来源。震泽所产的辑里丝，享誉海内外，清代中叶，震泽丝市成为我国著名丝市之一，是中国丝经的主要产地。桑蚕文化和手工丝业工艺极具传承和科学研究价值。

### 2.古镇整体格局与传统风貌保存尚好

古镇内"一河一路"、"一河两路"的江南水乡格局保存较为完整，淡雅朴素、粉墙黛瓦的院落式江南风格的传统民居以及错落有致、幽深整洁的小街小巷构成了古朴宁静的古镇居住环境。

### 3.文物古迹、历史风貌建筑保存众多

历史上震泽古镇的政治、经济地位变迁以及古镇传统格局的演变，是研究江南古镇发展的典型代表；震泽古镇处在"吴头越尾"的江浙交汇处，两种不同的建筑营造方式在古镇建筑中完美融合，大量的古建筑具有独特的审美和建筑艺术研究价值。

### 4.古镇人文荟萃、名人辈出

震泽人文荟萃，人才辈出，最有代表性的是王锡阐，其《晓庵新法》、《五星行度解》等科学论著在近代中国科学史上独树一帜。

### 5.优秀灿烂的地方文化艺术和富有地方特色的传统工艺

传统手工艺有手工缫丝（缫丝业）、手工织造（丝织业）、丝绵业（茧丝加工业）、农村摇经（纺经业）、丝线业，地方特色小吃有菜肴、酒酱、南货茶食、黑豆腐干、熏豆与熏豆茶等，说唱艺术有评弹，地方传统活动有桑蚕习俗、双杨庙会。

# ■ 二、历史文化名镇（镇域）保护

## 1.保护内容

保护与名镇历史文化密切相关的自然环境、河流、湖漾及其空间格局；保护历史镇区、物质文化遗产点、非物质文化遗产等。

## 2.保护措施

### 1)优化镇域独特的水乡空间格局

注重保护与名镇历史文化密切相关的自然环境、河流、湖漾及空间格局、具体为独特的江南水乡、桑蚕环境，頔塘河、西塘河、三里塘、杨定港、双杨港等历史河道，麻漾、长漾、金鱼漾、徐家漾、连家漾、蒋家漾、荡白漾等湖漾。

### 2)合理调整镇区总体布局，优化镇区空间结构

保护历史镇区，积极拓展新镇区，为进一步控制、疏解、扩散历史镇区容量提供空间。

### 3）大力优化综合交通

加快镇区道路建设，完善支路系统建设，提高道路网密度，特别是加强历史镇区周围道路网的建设；控制历史镇区内的交通流量，在周边设置停车场，将穿越交通和停车引至历史镇区外围，以减轻历史镇区交通压力，在历史文化街区内开辟自行车和人行专用道。

### 4）合理调整镇域产业布局

在保护自然生态环境基础上，发展生态、休闲旅游产业，优化提升产业结构，淘汰落后及高耗能产业，合理调整镇域内产业布局，促进震泽历史文化名镇的全面发展。

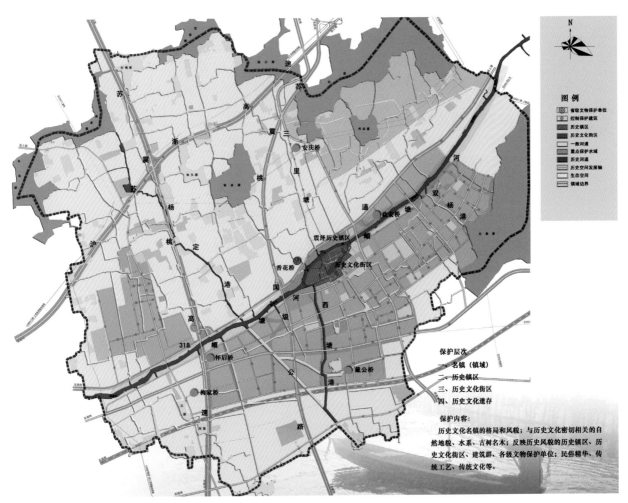

震泽古镇镇域保护规划图

### 5）加强生态保护

震泽境内湖荡相连，河道纵横，具有良好的自然生态环境，将生态理念渗透到古镇保护、建设和管理中，凸显充满水乡丰韵的历史底蕴，建设生态良好、自然与人文和谐的名镇。

## ■ 三、历史镇区的保护

### 1.历史镇区保护界线

北到新开河北岸，东至分水墩，南至仰家鸳鸯厅，西至頔塘河，总面积约76.3hm²。

### 2.保护内容

保护历史镇区的整体空间环境，包括街巷格局和传统风貌。

保护历史镇区内的文物古迹，其中全国重点文物保护单位1处，省级文物保护单位3处，市级文物保护单位6处，控制保护建筑23处，历史风貌建筑106处等。

重点保护历史镇区内的历史文化街区。

保护与历史镇区风貌有密切关系的河道、驳岸、街巷、铺地、民居、寺庙、墓葬、古桥、古塔、古井、古树等历史环境要素。

保护历史镇区内传统工艺、民俗精华、传统文化等。

**震泽古镇文物保护单位名录**

| 名称 | 时代 | 地点 | 重点保护范围 | 名称 | 时代 | 地点 | 重点保护范围 |
| --- | --- | --- | --- | --- | --- | --- | --- |
| 师俭堂 | 清代 | 震泽 | 全国重点文物保护单位 | 思范桥 | 清代 | 震泽镇 | 市级文物保护单位 |
| 香花桥 | 宋代 | 震泽镇 | 省级文物保护单位 | 正修堂 | 清代 | 震泽镇 | 市级文物保护单位 |
| 慈云寺塔 | 明代 | 震泽镇 | 省级文物保护单位 | 丝业公学 | 1923年 | 震泽镇 | 市级文物保护单位 |
| 王锡阐墓 | 清代 | 震泽镇 | 省级文物保护单位 | 尊经阁 | 民国 | 震泽镇 | 市级文物保护单位 |
| 致德堂 | 民国 | 震泽镇 | 省级文物保护单位 | 耕香堂 | 民国初 | 震泽镇 | 市级文物保护单位 |
| 禹迹桥 | 清代 | 震泽镇 | 市级文物保护单位 | | | | |

### 3.保护措施

优化历史镇区用地结构，改善历史镇区功能；控制历史镇区容量，积极改善基础设施和历史镇区环境；优化历史镇区交通结构，改善非机动车和步行系统，逐步建立历史文化街区范围内的步行区域；旅游与其他活动不得破坏传统文化、风貌、格局，不得污染、破坏环境和水系，并防止无序和过度开发。

## ■ 四、历史文化街区的保护

历史文化街区北到藕河街南侧，东至禹迹桥，南至市河南侧，西以报恩桥为界，总面积约12.98hm²。

### 1.保护内容

保护历史文化街区内1处国家重点文物保护单位，1处省级文物保护单位，3处市级文物保护单位，10处控保建筑及51处历史风貌建筑等。

保护历史文化街区的空间格局，市河沿线"一河一路"，"一河两路"的格局以及"上宅下店、前店后宅、深宅大院"的传统居住格局，粉墙黛瓦、"吴头越尾"的独特建筑风格。

保护街区传统风貌，保护与街区风貌有密切关系的河道、驳岸、铺地、民居、寺庙、古井、古桥、古树等历史环境要素。

保护街区内传统生活方式和习俗。

### 2.保护措施

严格对文物保护单位进行保护并对其周边环境进行整治；调整街区用地结构，疏解街区

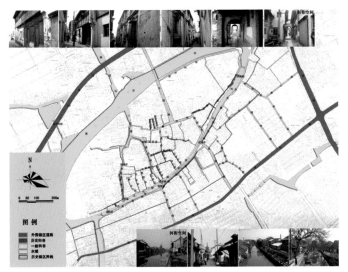

震泽古镇街巷空间现状图　　　　　　　　　　震泽古镇街巷空间规划图

人口容量，改善街区基础设施。

坚持保护为主，根据修缮、维修、整治相结合的原则，严格控制街区内建设，不能随意改变现状建筑用途及新建建筑，避免大拆大建、以假代真。

以文保、历史风貌建筑、传统街巷空间以及新开辟部分公共开场空间为载体，为非物质遗存文化展示、科学研究、旅游观光提供空间场所。

# 五、历史文化遗存保护

### 1. 文物保护单位保护

名镇内有各级文物保护单位11处，其中国家重点文物保护单位1处，省级文物保护单位4处，市级文物保护单位6处。

开展全镇文物普查，历史风貌建筑的论证、定级工作，实施分级保护。历史风貌建筑经过修缮，有条件的再论证、公布和申报为历史建筑或文物保护单位。加强震泽历史文化名镇的考古，加大对地下文物的调查、勘探、鉴定和保护工作，划定并公布地下文物埋藏区。

### 2. 控制保护建筑保护

对列入保护名单的29处控制保护建筑参照文物保护单位的要求给予保护，建议将其尽快申报为市级文物保护单位。

### 3. 历史风貌建筑保护

名镇内有历史风貌建筑106处，根据其历史文化价值和完好程度进行针对性保护。

对于传统风貌较完整、有较高潜在文物价值的历史风貌建筑，在不改变外观特征的情况下对其进行保护性修缮，争取申报文物保护单位。

对于文化价值一般的历史风貌建筑，主要对破损部分进行加固或修复，并调整、完善其内部布局及生活设施，提高其使用性。

### 4. 历史文化环境要素保护

#### 1）保护内容

保护除文物古迹、历史风貌建筑之外，构成历史风貌的围墙、石阶、铺地、街巷、驳岸、古桥、古井、古树等。

#### 2）保护要求

对震泽历史镇区内富有传统特色的宝塔街、梅场街等街巷应延续原有的空间尺度，禁止

## 震泽古镇控制保护建筑名录

| 名称 | 时代 | 地点 | 名称 | 时代 | 地点 |
|------|------|------|------|------|------|
| 忠恕堂 | 明代 | 砥定街花山头2号 | 尚义堂 | 清末 | 太平街4号 |
| 一本堂 | 清代 | 文武坊21号 | 尚义堂（西宅）木雕门楼 | 清末 | 太平街56号 |
| 砚华堂 | 清代 | 藕河街33号 | | | |
| 文德堂 | 清初 | 打线弄3号 | 徐庆堂木雕门楼 | 清末 | 花山头7号 |
| 戴公桥 | 清嘉庆二十四年 | 永乐村 | 仰家鸳鸯厅 | 清末 | 潭子河17号 |
| 通泰桥 | 清道光十一年 | 砥定街 | 行素堂鸳鸯厅 | 清末 | 麟角坊17号 |
| 安庆桥 | 清道光 | 三扇村 | 张宅 | 清末 | 麒角坊3号 |
| 政安桥 | 清道光 | 镇东 | 梅家桥 | 清光绪 | 兴华村 |
| 辑雅堂 | 晚清 | 宝塔街53号 | 虹桥 | 清光绪 | 藕荷街 |
| 茂德堂 | 晚清 | 宝塔街28号 | 怀后桥 | 清光绪三十一年 | 大船村 |
| 凝庆堂 | 清末 | 宝塔街三官堂弄9号 | 池塘桥 | 清嘉庆二十四年 | 砥定街 |
| 敬胜堂 | 清末 | 砥定街46号 | 祥裕堂 | 民国 | 宝塔街110号 |
| 成馀堂木雕门楼 | 清末 | 潘家扇弄10号 | 凝瑞堂 | 民国 | 藕荷街33号 |
| 尚志堂 | 清末 | 当弄3号 | 四面厅 | 民国 | 震泽公园内 |
| 宝书堂 | 清末 | 砥定街50号 | 积善堂（李宅） | 民国 | 小稻场3号 |

在传统街巷中进行任何破坏街巷空间连续性、改变街巷空间尺度的建设活动，禁止在其中建设大体量建筑或采用不协调的建筑形式。

对已遭破坏的麟角坊、耦河街、斜桥河街、太平街、砥定街等，根据街巷历史信息，重新定义街巷空间，在街巷整治过程中必须保留有价值的、能体现典型震泽特点的重要历史信息，整治后的形式必须与周边街巷的空间尺度、比例、建筑形式、景观环境相协调，并保持历史镇区肌理的连续性。街巷弄两侧建筑高度与街巷宽度之比控制在4：1～1：1之间为宜；宜采用传统的材料和形式铺砌路面。

保护现存26座古桥梁，保持其古意，历史镇区内桥梁的修复要体现震泽江南水乡传统风貌，尽量使用旧材料。保护沿河码头、驳岸、河埠。

保护古井及其附属物，整治周边环境，保护水体不受污染。公共水井结合开放空间，形成景观节点，私家水井结合庭院空间加以保护。

保护与古镇历史发展密切相关的顿塘河、市河、新开河、庄桥河、通太桥河等历史河道。加强对河道沿线的码头、河埠头、驳岸的修缮；疏浚、整治河道，改善水质，增加绿化，加强历史镇区景观塑造，延续历史文脉，恢复历史上被填埋的部分河道——斜桥河、藕河东段。

保持河道空间关系，保持其形式的多样性以及与沿河建筑的空间关系。历史河道两岸建筑檐口高度不得超过6.6m，体量宜小，使沿河建筑高度与河面宽度保持宜人的比例尺度，并应保持沿河建筑的特色，体现"小桥流水"、"人家枕河"的优美景观。

保护古树名木8棵，建立古树名木的分级保护制度；加强古树名木的普查、登记和建档、挂牌工作；严禁任何损害古树名木和损毁保护标志及设施的行为。

### 5. 非物质文化遗产保护

#### 1）保护内容

传承和发扬震泽悠久历史并逐渐形成的优秀灿烂的地方文化、传统工艺、民俗活动等，包括桑蚕文化、传统手工艺、饮食文化、茶馆文化、说唱文化、双杨庙会、方言习俗等。

#### 2）保护措施

非物质文化遗产的保护坚持"合理利用、传承发展"的方针，在科学认定的基础上，采取有力措施，使非物质文化遗产在全社会得到认可、尊重和弘扬；在有效保护的前提下合理利用，防止对非物质文化遗产的误解、歪曲和滥用。

继承和弘扬优秀的地方桑蚕文化，保护具有地方特色的传统工艺、民风习俗等口述和其他非物质文化遗产，利用文保建筑、历史风貌建筑、传统街巷空间以及新开辟的部分公共开场空间，作为非物质遗存文化展示、科学研究、旅游观光的空间场所。

保护和恢复震泽历史镇区的街巷、桥梁等历史名称。

开展非物质文化遗产的普查工作，逐步建立和完善非物质文化遗产代表名录体系，对各项非物质文化遗产代表作进行建档、保存、传承、传播的切实工作。

加强非物质文化遗产代表作传承人的培养，鼓励传承人的传习活动，通过社会教育和学校教育等途径保证非物质文化遗产的传承后继有人。

# ■ 六、建筑保护与整治

## 1.保护与整治方式

对历史镇区内建筑提出六种保护与整治方式：修缮、维修、保留、整修、改建、拆除。

震泽古镇建（构）筑物保护与整治方式

| 分类 | 文物保护单位 | 控保建筑 | 历史建筑风貌建筑 | 一般建（构）筑物 | |
|---|---|---|---|---|---|
| | | | | 与历史风貌无冲突的建（构）筑物 | 与历史风貌有冲突的建（构）筑物 |
| 保护与整治方式 | 修缮 | 修缮 | 维修、改善 | 保留 | 整修、改造、拆除 |

震泽古镇建（构）筑物保护与整治方式统计表

| 项　目 | 历史镇区 | | 历史文化街区 | |
|---|---|---|---|---|
| | 建筑面积（m²） | 比例（%） | 建筑面积（m²） | 比例（%） |
| 修缮建筑 | 40062 | 9.50% | 27355 | 26.51% |
| 维修建筑 | 49821 | 11.82% | 24823 | 24.05% |
| 保留建筑 | 58295 | 13.83% | 1295 | 1.25% |
| 整修建筑 | 203773 | 48.34% | 47005 | 45.55% |
| 改建建筑 | 43297 | 10.27% | 1006 | 0.97% |
| 拆除建筑 | 26251 | 6.23% | 1713 | 1.66% |
| 合计 | 421499 | 100.00% | 103197 | 100.00% |

## 2.建筑分类保护与整治引导

### 1）修缮建筑

对各级文物保护单位严格按照《中华人民共和国文物保护法》予以保护和修缮。

### 2）维修建筑

建筑的平面布局、结构体系、高度体量和有特色的内部装饰不得改变，施工工艺应有利于传统建筑的保护。

立面维修（建筑色彩、建筑材料、构件等）应当保持原有风貌特征。

建筑内部应配备必要的厨卫等基础设施，改善居民生活质量。

在现状基础上还原维修，材料采用青砖、木材、黛瓦或局部采用类似材料替代，力求风貌的延续与协调。

在维修建筑的周边新建、扩建、改建的建筑，应当在使用性质、高度、体量、立面、材料、色彩等方面与保留历史风貌建筑相协调，不得改变保留历史风貌建筑周围原有的空间景观特征，不得影响保留历史风貌建筑的正常使用。

### 3）整修建筑

强调风貌协调原则，力求建筑在体量、高度和形式上与历史镇区的传统风貌协调。

通过降层、改造屋顶形式、粉饰立面、更换外饰面、更换门窗、调整外观色彩、整修围墙等措施达到与历史镇区传统风貌协调。

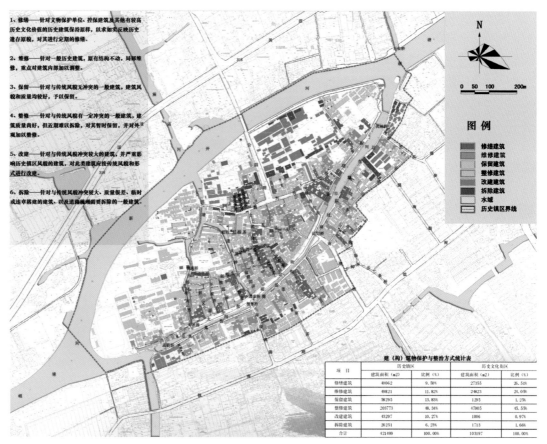

1、修缮——针对文物保护单位、控保建筑及其他有较高历史文化价值的历史建筑保持原样，以求如实反映历史遗存原貌，对其进行定期的修缮。

2、维修——针对一般历史建筑，原有结构不动，局部维修，重点对建筑内部加以调整。

3、保留——针对与传统风貌无冲突的一般建筑，建筑风貌和质量均较好，予以保留。

4、整修——针对与传统风貌有一定冲突的一般建筑，建筑质量尚好，但近期难以拆除，对其暂时保留，并对外观加以修缮。

5、改建——针对与传统风貌冲突较大的建筑，并严重影响历史镇区风貌的建筑，对此类建筑应按传统风貌和形式进行改建。

6、拆除——针对与传统风貌冲突较大、质量很差、临时或违章搭建的建筑，以及道路拓宽而要拆除的一般建筑。

| | 图 例 | |
| --- | --- | --- |
| | | 修缮建筑 |
| | | 维修建筑 |
| | | 保留建筑 |
| | | 整修建筑 |
| | | 改建建筑 |
| | | 拆除建筑 |
| | | 水域 |
| | | 历史镇区界线 |

建（构）筑物保护与整治方式统计表

| 项 目 | 历史镇区 | | 历史文化街区 | |
| --- | --- | --- | --- | --- |
| | 建筑面积(m2) | 比例（%） | 建筑面积(m2) | 比例（%） |
| 修缮建筑 | 40062 | 9.50% | 27355 | 26.51% |
| 维修建筑 | 49821 | 11.82% | 24823 | 24.05% |
| 保留建筑 | 58295 | 13.83% | 1295 | 1.25% |
| 整修建筑 | 203773 | 48.34% | 47005 | 45.55% |
| 改建建筑 | 43297 | 10.27% | 1006 | 0.97% |
| 拆除建筑 | 26251 | 6.23% | 1713 | 1.66% |
| 合计 | 421499 | 100.00% | 103197 | 100.00% |

震泽古镇保护整治更新模式图

建筑色彩应与周边历史风貌建筑色彩协调，不应大面积使用明亮耀眼的颜色，宜选用柔性和中性的色调，以灰色、褐色和原木色为主，多采用木、青砖等建筑材料的自然色彩，延续历史镇区的传统特色。

**4）改建建筑**

拆除严重影响历史镇区风貌的建筑，并按传统风貌形式及要求进行改建。

平面布局：鼓励连排院落式建筑平面布局形式，不得出现曲线及没有院落的平面布局形式。

建筑立面：鼓励立面的多样性和协调性，延续震泽建筑特色，并鼓励地域建筑文化的再创造。

结构体系：保持柔性结构体系的特点，鼓励多种结构形式的结合。

高度体量：建筑高度、体量应与周围历史风貌建筑相协调，宜采用小体量的建筑形式。

建筑材料：多采用木、青砖等当地传统建筑材料，不应大面积使用现代材料。

建筑色彩：色调雅素明净，以粉墙黛瓦、褐色原木等为主。

建筑构件：采用当地传统特色构件形式，如砖雕、木雕等传统构件，并鼓励发展具有当地特点的新形式。

施工工艺：鼓励采用具有当地特点的新施工工艺。

# 七、高度、视廊、界面控制

## 1.高度控制

文物古迹保护范围，即所有文物建筑保护范围内保持原状，维持建筑原高；历史风貌建筑维持原高；历史文化街区内新建建筑檐口控高6.6m，建筑限高9m；历史镇区内的新建建

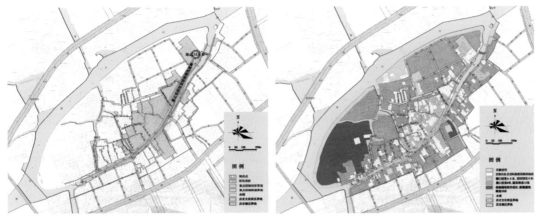

震泽古镇视廊界面控制图　　　　　　　　震泽古镇建筑高度控制图

筑，檐口控高9m，建筑限高12m；历史镇区内保留建筑可维持原有高度；凡不符合以上要求的现状建筑近期整修，远期予以更新。

**2.视廊控制**

严格控制宝塔街对慈云寺塔的景观视廊。宝塔街两侧新建建筑不应遮挡慈云寺塔的对景视线。

严格控制市河对慈云寺塔景观视廊。合理控制市河北侧建筑的高度和建筑群落间的空隙，保证游船上的游客和南岸道路行人对慈云寺塔的景观视线。

保持慈云寺塔在历史镇区最高构筑物和视觉焦点的地位。

**3.界面控制**

严格控制市河东段两岸、市河西段北岸、庄桥河南段东岸、通太河南段两岸、宝塔街、砥定街及斜桥河街两侧的界面，控制界面建筑体量、色彩、高度、连续性和风貌的协调性等。

震泽古镇现存建筑质量分析图

震泽古镇现存建筑高度分析图

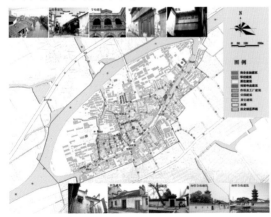

震泽古镇现存建筑历史功能分析图

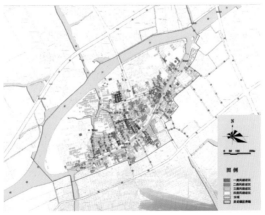

震泽古镇现存建筑风貌分析图

## 八、展示与利用

### 1.文物保护单位的展示与利用

在保证文物安全和不改变文物原状的前提下，鼓励文物保护单位的多功能使用，建立各类博物馆、专业展示馆、名人纪念馆、故居陈列室，成为历史镇区文化活动场所、参观游览场所、景观节点、古镇的标志性元素，鼓励恢复文物原有使用功能。

### 2.历史风貌建筑展示与利用

1）属于公有的历史风貌建筑物，除可以建立博物馆或者辟为参观游览场所外，尽量建立为古镇居民使用的文化活动场所，或恢复历史风貌建筑原来的历史使用功能。

2）属于私有住房的历史风貌建筑，鼓励历史风貌建筑增加现代生活功能，原有建筑结构不动，局部修缮，重点对建筑内部加以调整改造，配备厨卫等基础设施，改善居民生活质量，寓保护于利用，以利用促保护。

### 3.非物质文化遗产的展示与利用

1）重点传承和发扬震泽古镇悠久传统工艺。

桑蚕制作工艺：手工缫丝（缫丝业）、手工织造（丝织业）、丝绵业（茧丝加工业）、农村摇经（纺经业）、丝线业、丝类产品（丝类产品和贸易）。

饮食制作工艺：菜肴、酒酱、南货茶食、黑豆腐干等。

2）挖掘地方传统文化艺术，展示震泽古镇的说唱文化评弹。

3）恢复部分地方传统系列活动如桑蚕习俗、双杨庙会的系列活动。

## 九、绿化系统规划

结合市河两侧的整治以及街巷整治，适当开辟小块公共绿地，形成以庭院绿化、街头绿化、滨河绿化构筑的"点、线"相结合的绿化网络。历史镇区内不建设大规模集中绿地，以保护区内历史风貌和空间尺度为前提。

1.庭院绿化：提高居民的生态意识，整治庭院空间环境，提倡各庭院自行绿化布置，提高庭院绿化率。

2.街头绿化：提高现有沿河、沿街小绿地的品质，利用现有空地、公共开放空间或拆除的违章搭建，形成小型街头绿地，丰富历史镇区的绿化景观。

3.沿河绿化：利用沿河的狭小空间穿插一些小的绿化，以丰富历史镇区的线型绿化系统格局。

4.植物配置：注重历史镇区内树种和其他植物的搭配，多种植地方传统树种和花木，营造与历史镇区相宜的绿化氛围。

## 十、空间景观规划

### 1.空间结构

形成一区、一轴、多节点的空间结构。一区即震泽历史文化街区，由文物古迹、历史风貌建筑物、古构筑物及其风貌环境所组成的历史镇区核心区域。一轴即沿市河形成的古镇历史发展轴。即多节点街巷交汇节点、历史遗迹节点、公园绿地节点。

### 2.公共空间规划

保护并强化以传统街巷以及沿河道的线性公共活动空间，使其成为非物质文化遗产展示与传承的场所。

### 1）桥头开放空间

此类空间有丰富的空间要素、良好的空间比例尺度，是集中体现江南水乡风貌特色的空

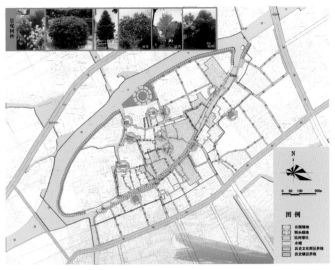

震泽古镇绿化系统规划图

震泽古镇空间景观规划图

间节点。规划主要布局在禹迹桥、思范桥、虹桥、通泰桥、砥定桥等桥头。

**2）遗迹开放空间**

主要有慈云禅寺节点、师俭堂节点、王锡阐墓节点、致德堂节点、丝业公学旧址节点、耕香堂节点、分水墩节点等，供游人参观、居民文化活动使用。

**3）巷弄交汇开放空间**

这些空间是历史镇区最为活跃的居民集聚点。规划进一步整治历史镇区内大小街巷交汇处的开放空间，形成具有古镇特色的小型公共活动区域。

**4）古井周边开放空间**

古井周边开放空间是历史镇区内最能体现当地生活气息的区域，规划结合现状重点整治历史镇区内公共古井开放空间。

**5）街巷开放空间**

保护历史镇区内街巷原有空间尺度，维持变化丰富的道路断面和界面是历史镇区保护的重要内容；挖掘现存街巷的空间保护价值，区别化制定各条巷弄空间保护要求。

**6）滨水开放空间**

如街巷临河的后退空间或开阔的埠头、码头等。这类空间对完善历史镇区的空间类型体系、充分展示震泽古镇独特的传统空间格局具有重要意义。

**7）入口开放空间**

规划在古镇南部的参差浜和南横街口设置古镇标志入口，利用文物古迹、开敞绿地、活动广场和公共设施的设置形成入口开放空间，引导游客进入古镇观赏游玩，是进入古镇的标志性门户节点。

规划编制单位：苏州市规划设计研究院

震泽 震泽之夜（王海燕 摄影）

震泽 震泽留韵图

凤凰

张家港　中国历史文化名镇（第五批）

凤凰　巷弄（张杏林　摄影）

凤凰镇古称河阳，位于张家港市南隅，204国道和苏虞张一级公路贯通南北，沿江高速公路串连东西，距市里与常熟城各18km。镇内中央有凤凰山，高96.6m，周长3360m，镇以此山而得名。

# 一、历史沿革与价值

### 1.历史沿革

凤凰镇六千年前就有人类活动，春秋始创初具规模，唐宋时期向东外拓，明中期河阳毁于经乱，择址建田庄；清中期盛于集市贸易，发展成为集镇鼎盛时期。2003年8月，港口镇、凤凰镇、西张镇三镇合并组成新的凤凰镇。

### 2.自然环境与经济

凤凰镇气候温和湿润，四季分明。境内有山有水、良田成方，河网纵横，是个美丽富饶的江南鱼米之乡。有凤凰水蜜桃、绿茶、高庄五香豆腐干、徐市鸭血糯、朱家弄水芹菜、菜园村冬令蔬菜、清水大米和庄泾酱鸭等特产。近年来凤凰经济持续稳定增长。

### 3.文化遗存

古时河阳人在此繁衍生息，附会图腾，取孔武有力的鸷鸟和吉祥如意的凤凰，在镇域范围内形成了独特的前凤后鸷历史景观意向；历史遗留下来的溪浦塘、三丈浦、西洋塘、让塘、山东塘等八条历史主干水系是凤凰历史文化构成的主要空间要素，是数千年推动古镇演变的动力之源。

### 4.历史文化价值

凤凰名镇因境内凤凰山（又称河阳山）而得名，自古以来就是历史昌盛之地，人文荟萃之乡，是江南地区著名的"进士之乡"，被誉为中国吴歌之乡、中国民间文化艺术之乡。在特有的水乡自然地理环境中，形成"一塘四街、河街平行"的古镇历史空间格局和江南水乡风貌，留下了以"河阳山歌"为代表的民间传统说唱艺术、以凤凰水蜜桃为代表的传统特色产业、以河阳庙会为代表的民风习俗；以高庄豆腐为代表的传统制作工艺及传统饮食文化，是江南吴文化千年传承的集中代表。

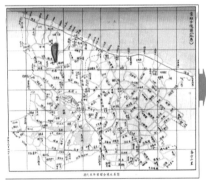
清代末年

民国初年

解放初

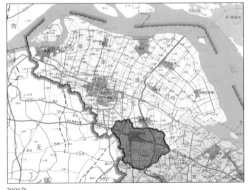
2008年

20世纪末并镇前

凤凰古镇历史沿革图

## ■ 二、镇域保护

### 1.总体保护措施

优化调整镇域空间结构，强化镇域范围内"两山八水"山水格局的保护。

优化历史镇区空间结构，合理调整历史镇区内用地布局。

优化镇域综合交通；梳理历史镇区内部路网系统，在周边设置停车场。

优化镇域产业结构。在保护自然生态环境基础上，调整镇域产业结构，通过转型与重构，优化产业布局；以第一产业和第三产业为主联动发展，充分体现 "田""庄"特色。

加强生态保护和乡土环境的营造。境内河道纵横，具有良好的自然生态环境，将生态理念渗透到保护、建设和管理中，加强环境的改善，突出乡土风貌和地方特色。

加强区内物质文化遗存、非物质文化遗产等文化资源整体保护和利用，结合相关旅游项目的开展，积极展示、利用和传承。

### 2."前凤后鸷"历史格局的保护

山体本体划为绿线控制，其内不得进行开山采石、取土、砍伐林木等破坏山体形貌、植被和生物多样性的活动。

山体沿山脚纵深1km为控制区，控制区内严禁建设对环境、山体有影响的项目。其中对鸷山山体进行生态性恢复的同时，周边地区可进行低密度建设，建筑檐口高度不超过3层；对凤凰山山体保育的同时，控制凤凰墓地规模，周边地区建筑檐口高度不超过5层。

### 3."八水绕镇"历史水系的保护

定期疏浚清理河道，沿岸禁止污水、废水排放。

除让塘和二干河保持为航道外，区内各水系应逐步禁航，仅允许水上旅游交通和环卫、消防等特殊船只通行。

在水系沿岸的桥梁、驳岸、栏杆、埠头、码头等历史构筑物附近，适当设置公共绿地和休闲步道，展示上述物质遗存和水系名称由来、历史地位、历史河岸边界、题刻和水位印记、历史事件等相关历史文化信息。

水系两岸护坡尽可能采用自然斜坡式，并与绿化、建筑等相结合，形成丰富的河岸景观；建成区的驳岸形式可采用硬质护坡，采用自然石材，并通过多样化的水埠、绿化等措施加强景观及生态效果。

### 4.空间视觉廊道保护

保护溪浦塘以及恬庄南、北街两侧视觉通廊，视廊100m范围内不得出现不协调建筑，两侧建筑高度不超过3层，形成错落有致的滨水建筑景观，整治改造或拆除不协调建筑。

严格控制鸷山—凤凰山—历史镇区沿线的视觉通廊，在视廊500m范围内（除鸷山、凤凰山山体建设控制区范围外）的一切建设活动，都必须服从景观视线走廊对于高度和建筑体量的控制要求，应避免出现突兀的建筑，建筑檐口高度不宜超过5层，体量不宜过大，建筑形式宜采用苏式或现代苏式风格，对走廊范围内严重影响景观效果的现状建筑，应适时进行改造处理。

## ■ 三、历史镇区保护

### 1.历史镇区范围

东至东街及恬庄粮站一侧，西至204国道，北到杨氏北宅，南到港口五号桥，面积为20.89hm$^2$。

文化遗址

崇德山汉墓遗址　　唤英台遗址　　户部酒坊遗址　　蒋廷锡墓遗址　　吴甸遗址　　河阳古镇遗址

建筑遗产

杨氏孝坊　　汪宅、盛宅　　永庆寺　　榜眼府　　蒋宅　　张宅　　东高神堂　　蒋家缺角楼

古树

大堂王古银杏　庙弄古银杏　红豆树　河阳桥古银杏四株　港口办事处黄杨、枸骨　继缘道院古银杏　西高神堂古银杏　杏市原观音庵古银杏　东高神堂古银杏两株　鹭山南麓古银杏

古井　　　　　　　　　　　　古桥　　　　　　　　　　历史河道

大弄堂杨家井　　赵家井　　吴家井　　富民桥　　黄家新桥　　三丈浦　　奚浦塘　　让塘　　西塘

凤凰古镇镇域主要历史文化遗存索引

## 2. 传统格局保护要求

保护"一塘四街"的整体空间格局，保持原有水街双轴河街空间、街巷空间尺度，恢复"玉带绕庄、五水入镇"历史意向，控制巷弄两侧建筑高宽比在1∶1～1∶2。街巷及沿街建筑的整治修复按照街巷、院落、建筑原址进行。

"一塘四街"（溪浦塘、中街、北街、南街、东街）：修补传统风貌，延续街巷传统特色，体现乡土生活文化特征，同时保证街巷两侧错落有致。建筑色彩以粉墙黛瓦的冷灰色为主。

保护溪浦塘、西洋塘两侧河街格局和空间尺度，整治改造现状建筑，控制新建建筑高度、体量和色彩。修复放射状的河流水系格局，环通玉带河水系，整治两侧建筑，采用多种驳岸形式，结合河道曲折处设置小型街头绿地，放置景观小品，恢复"玉带绕庄、五水入镇"的历史意象。

## 3. 历史风貌保护要求

保护临水而居的江南水乡古镇田园风貌。

结合204国道等周边道路改造，完善入口的配套设施，继续整治国道两侧建筑立面，塑造古镇田园入口通道和入口景观节点。

修补溪浦塘两岸以及南街、东街等街巷界面。

改造恬庄桥及五号桥周边不协调建筑，结合街巷整治修复四周空间界面。

使用传统式样、采用传统条石改造兴隆桥、五号桥、七房桥、朱家坝桥、港恬桥。

区内占用街道空间的电线杆、变压器、电话转换器等设施在有条件的情况下入地或移位。

历史文化街区内文物保护单位、控保建筑及历史建筑维持原有高度，改造不协调建筑；历史文化街区范围外历史镇区范围内建筑采用与街区内相协调的建筑风格，即采用坡屋顶、粉墙黛瓦、层数不超过3层的传统江南水乡建筑。

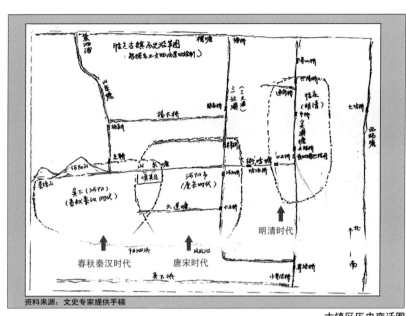

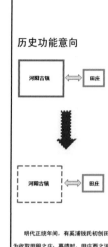

明清

民国

现今

历史功能意向

河阳古镇 ⇄ 田庄

⬇

河阳古镇 ⇄ 田庄

　明代正统年间，有溪浦钱氏初创田庄，为收取田租之庄；嘉靖时，田庄西之河阳市，"经乱焚毁，移恬养庄"，集镇规模得以迅速扩大。清康熙九年（1670年），浙江湖州杨德贤迁居恬庄，勤俭兴业，耕读传家，恬淡处施，乐善好施，小镇兴旺发达；至雍正四年（1726年），经数代人的辛勤经营，田庄已成为拥有千户左右的廛廛名镇；乾隆、嘉庆年间，达到鼎盛，有典当铺、银楼、布庄、染坊等大商号，义塾、义庄、善局、更楼、码头仓库等公益设施、机构齐全，享有"银恬庄"之誉。而"田庄"之改名，则"自杨氏买邻，俗尚恬懋，乃易今名"。

资料来源：文史专家提供手稿

古镇区历史变迁图

■　源于先人聚居，毁于经乱，起于收租纳粮，盛于集市贸易。

凤凰古镇历史镇区空间形态演进图

# ■ 四、历史文化街区保护

### 1.历史文化街区保护范围

划定"一塘二街四弄"包括榜眼府、北街、南街、大弄堂、小弄堂、臭弄堂、庙弄等在内的区域为历史文化街区保护范围，即东至溪蒲塘，西至典当场、臭弄堂等一侧，北到杨氏北宅，南到恬庄小学，面积为3.11hm²。

### 2.保护内容

保护区内1处省级文物保护单位、2处市级文物保护单位、2处控保建筑及27处历史建筑等；保护与街区风貌有密切关系的河道、驳岸、铺地、民居、古井、古树等历史环境要素；保护街区内传统生活方式和习俗；保护区内独特的河街相间、河路平行的　"一河一街"格局和风貌，保持河、街、建筑的空间比例关系，保护其"上宅下店、前店后宅"的传统居住格局、粉墙黛瓦的江南水乡建筑风格。

### 3.保护措施

优化街区用地，尽可能保持原有社会结构；改善居住环境、完善市政设施，强化文化和旅游功能；延续原有街巷格局，增加部分支弄，提高住家的可达性；保护溪蒲塘沿河驳岸、码头、河埠头等形式的多样性以及沿河建筑空间关系，并赋予区内公共空间新的内容，如作为非遗展示地，让其继续发挥活力；加强对区内文物保护单位、控保建筑以及历史建筑的修缮整治，置换其居住功能，恢复建筑格局、修补风貌、整治外部环境，完善内部相关设施配备，改作非物质遗存展示场所。

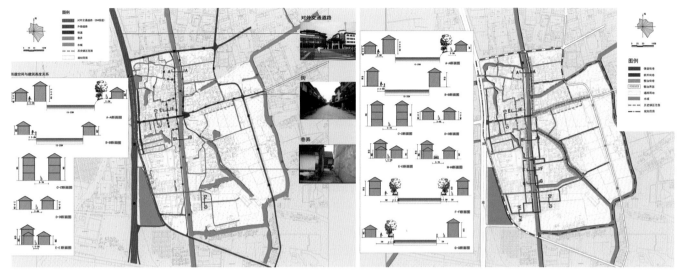

凤凰古镇历史镇区街巷现状图                                        凤凰古镇历史镇区街巷保护规划图

# ■ 五、历史文化遗存保护

### 1. 物质文化遗存点保护

#### 1）文物保护单位保护

保护榜眼府省级文物保护单位，保护红豆树、富民桥、杨氏孝坊、杨氏南宅、永庆寺、蒋廷锡墓葬遗址、黄家新桥7处市级文物保护单位。

#### 2）控制保护建筑保护

保护张宅、蒋宅、陈宅等3处控制保护建筑。

#### 3）历史建筑保护

保护汪宅、盛宅、东高神堂、蒋家缺角楼等32处历史建筑。

#### 4）传统民居的整治改造

依据传统风貌和空间格局的保护要求，充分考虑现实状况、功能调整以及实施可操作性，在综合评估各类现状传统民居的基础上，提出不同的保护和整治措施。

#### 5）其他物质文化遗存的保护

（1）文化遗址

划定新石器遗址、崇德山汉墓遗址、唤英台遗址、吴甸遗址、宋代户部酒坊遗址、蒋廷锡墓遗址等文化遗址保护范围。

（2）古井

古井四周1~2m范围内为古井保护范围；清理改善古井水质，修复破损井栏，硬化井台空间。

（3）古树

建立古树名木的分级保护制度；加强古树名木的普查、登记和建档、挂牌工作；划定距树冠垂直投影5m的范围内为古树名木保护范围。

（4）其他环境要素的保护

加强对新建环境要素的设计管理，其形式与材料的运用须与整体风貌相协调。

### 2. 非物质文化遗存保护

保护以河阳山歌、河阳宝卷为代表的山歌文化；保护以永庆寺为代表的佛教文化；保护江南"进士之乡"的地域名人文化；保护以凤凰水蜜桃为代表的传统特色产业；保护河阳庙会、河阳生俗、河阳葬俗、河阳谢洪习俗、六月六晒书晒衣节、六月廿四荷花节等民俗精华；保护高庄豆腐、灶画、脊画等传统制作工艺；保护以河阳西施糕、饮食习俗为代表的传统饮食文化；保护以"河阳"命名的历史景点、人文典故、传统街坊路名、历史记忆以及与古镇相关的民风习俗等其他非物质文化遗产。

结合历史镇区内现状建筑的修缮改造以及环境改善等方式，落实非物质文化遗产保护的空间载体，即通过历史建筑的再利用、历史空间场所的恢复以及相关物质媒介宣传等方式实现。

# 六、文化遗存的展示与利用

### 1.物质文化遗存合理利用

在保障榜眼府、杨氏孝坊以及杨氏南宅等文物安全和不改变原状、修缮破损部分、整治周边环境的前提下，引入名人博物馆、孝文化展示馆、杨岱纪念馆功能。

根据历史建筑的价值综合评估，结合保护需求，在现有利用方式基础上，对历史建筑进行新的功能定位，引入如博物馆、文化中心、商务会所以及旅馆等设施。

**省级文物保护单位保护利用一览表**

| 名称 | 年代 | 地点 | 占地面积（m²） | 建筑面积（m²） | 保护措施 | 利用功能 |
| --- | --- | --- | --- | --- | --- | --- |
| 榜眼府 | 清朝 | 历史镇区 | | | 加强日常维护 | 名人博物馆 |

**市级文物保护单位保护利用一览表**

| 名称 | 年代 | 地点 | 占地面积（m²） | 建筑面积（m²） | 保护措施 | 利用功能 |
| --- | --- | --- | --- | --- | --- | --- |
| 红豆树 | 明朝 | 邓家塘村 | | | 加强日常养护和虫害治理 | 景点展示 |
| 富民桥 | 清朝 | 程墩村 | | | 修复桥面、桥联等破损构件 | 景点展示 |
| 杨氏孝坊 | 清朝 | 恬庄北街 | | | 加强日常维护，完善室内展品的展呈设计 | 孝文化展示馆 |
| 杨氏南宅 | 清朝 | 恬庄南街 | | | 加强日常维护，完善室内展品的展呈设计 | 杨岱纪念馆 |
| 永庆寺 | 梁朝 | 凤凰村 | | | 加强日常维护，增加旅游设施 | 景点展示 |
| 蒋廷锡墓葬遗址 | 清朝 | 双塘村 | | | 加强考古挖掘工作，严禁有任何损害行为的建设活动 | 景点展示 |
| 黄家新桥 | 清朝 | 魏庄村 | | | 修复桥面、桥联等破损构件 | 景点展示 |

### 2.非物质文化遗存展示利用

1）保护和宣传"河阳山歌"这一重要的无形文化遗产和名片。结合河阳山歌馆，通过相关场景、照片以及视频等多种方式展示、介绍凤凰山歌文化及其发展渊源。

2）保护和传承源于南朝的佛教文化，成立专门的研究机构，对南朝四百八十寺之一永庆寺历史发展脉络、人物以及相关事件进行深入挖掘，从而加强佛教文化的研究、传承工作。

3）保护江南"进士之乡"地域名人文化。建立专门的名人研究机构，加强名人史迹的研究、出版和宣传工作；对名人故居、旧居进行维修保护和环境整治，并向公众开放。

4）保护和培育凤凰水蜜桃培育基地。结合产业规划调整以及古镇保育要求，建设凤凰水蜜桃培育基地，完成相关品种的更新换代。

5）利用传统民居维修，汇集当地传统的木雕、砖雕、石雕等匠作工艺师傅，建立民间工艺传承制度，指定传承人，在复建的巡检司设立传统工艺授艺馆，对各种传统工艺进行展示、传播与研究，挽救传统建筑工艺和手法，传承当地传统建筑文化。

6）保护与传承传统民俗风情活动、传统工艺以及地方传统饮食文化。将河阳庙会、河阳生俗、河阳葬俗、河阳谢洪习俗、六月六晒书晒衣节、六月廿四荷花节等为代表的传统民俗风情活动与社区文化体育活动相结合；利用外围的旅游配套设施展示高庄豆腐、灶画、脊画等富有特色的传统手工艺，挖掘以河阳西施糕、饮食习俗等为代表的地方传统饮食文化，将民间工艺、土特产品与特色服务、餐饮、商业相结合，发展文化旅游产业，提高居民收入，推动保护。

# ■ 七、空间规划

### 1.建设控制要求

#### 1）高度控制

历史文化街区范围内新建、重建一层建筑檐口高度不得高于3.0m，屋脊高度不得高于5.5m，二层建筑檐口高度不得高于6.0m，屋脊高度不得高于8.5m；历史镇区范围内新建、重建三层建筑檐口高度不得高于9.0m，屋脊高度不得高于11.5m。

文物保护单位、控制保护单位、历史建筑以及主要街巷两侧的建筑高度维持现状，整治类建筑控制在现状檐口高度，改造类建筑控制在三层檐口高度，在高度控制区范围内超过规划控制要求的建筑应根据其景观和风貌影响逐步整治或拆除。

#### 2）空间节点控制要求

(1)南部入口地块

强调历史镇区入口开敞空间的公共性和标识性。通过对现状用地的调整，增加旅游配套设施，配建旅游停车设施，打造入口景观。

加强沿河两岸绿化。绿化采用乡土树种，如垂柳、桃花、迎春花等，驳岸尽可能采用生态自然驳岸，塑造田园风貌。

严格控制新建建筑高度，塑造错落有致的空间界面。建筑采用小体量，高度以三层为主，局部二层，色彩以粉墙黛瓦为主，尽可能体现质朴，与整体风貌相协调。

功能以旅游接待为主。

(2)北部入口地块

强调乡土田园的景观建设，营造乡土入口形象。

地块以改造为主，结合入口环境整治，配建旅游停车设施，建设孝廉文化广场，使之成为展示非物质文化遗产保护、宣扬及传承的重要场所。

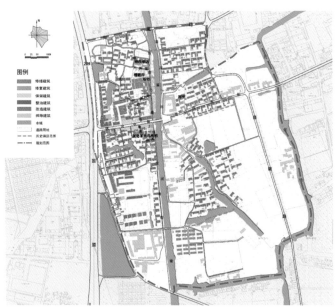

凤凰古镇历史镇区现存建筑保护与更新模式图

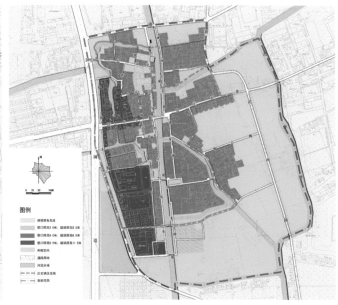

凤凰古镇历史镇区建筑高度控制规划图

结合204国道沿线改建，改造沿路两侧地块，恢复传统的沿街界面，完善旅游接待功能。

注重建筑尺度、体量与历史镇区整体风格的协调，建筑采用小体量，高度控制在一层，局部二层，色彩以粉墙黛瓦为主，注重内部绿化广场、开敞空间与原有古镇空间肌理的融合，加强绿化和小品的设计。功能以旅游服务为主。

### 2.空间与绿化景观规划

#### 1）空间景观

利用零星闲散土地，并结合局部地块调整，增加小型的绿化开敞空间和场地，提升整体的环境品质。

(1)空间结构——一区、双轴、多节点。一区即恬庄历史文化街区，包括文物保护单位、历史建筑、构筑物及其风貌环境所组成的区域，集中体现了凤凰悠久的历史文化价值和传统风貌。双轴即沿恬庄南、北街形成的历史人文景观轴和沿溪浦塘历史河道形成的滨水空间景观轴。多节点即门户空间、桥头空间、街巷转角空间、历史遗迹、街头绿化等节点。

(2)节点空间规划

门户空间：规划形成南入口、北入口以及西入口3处门户空间。

桥头空间：规划形成兴隆桥节点、五号桥节点、七房桥节点、朱家坝桥节点、港恬桥节点以及规划新建的15座新桥等22处桥头空间，横跨于溪蒲塘、恬庄塘、西洋塘以及玉带河。

街巷转角空间：结合街巷整治，规划形成若干街巷转角空间。

历史遗迹节点：主要有杨氏孝坊、榜眼府、杨氏南宅、蒋宅等历史遗迹节点。

街头绿化节点：主要有莘稍岸、继缘道院、东街上、下塘岸等街头绿化节点。

#### 2）绿化景观规划

结合原有的历史景观资源特征，通过采用传统树种和花木，突出原汁原味的江南水乡特色。其中经济类树种以柑橘、银杏、杨梅、石榴、枇杷等为主，观赏类以樱花、桂花、香樟、广玉兰以及盆景等为主。

充分利用现有荒地和边角空地进行绿化，提高历史镇区绿地率，美化环境，丰富景观，同时又便于居民使用。

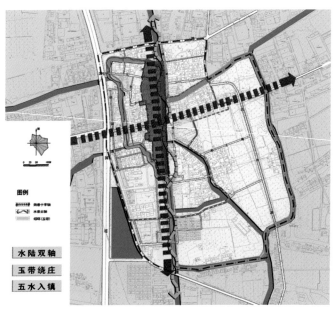

凤凰古镇历史镇区空间格局保护规划图

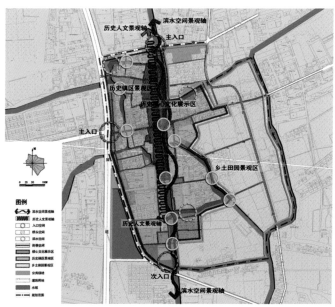

凤凰古镇历史镇区空间景观与绿化规划图

注重与自然山体植被相协调，丰富绿化层次，营造与名镇相宜的绿化环境氛围，即形成田园乡土风貌的绿化景观。

各类绿化以及景观小品的配置，应充分体现可持续发展原则，重视绿化空间的组织，尽量减少对空气、水体、土壤的污染，恢复良好的生态环境。

历史文化街区保护范围内不宜进行大面积集中绿化，应结合历史街巷和传统建筑的保护，见缝插针地建设小型绿地，并鼓励庭院绿化和立体绿化。

古树名木按相关要求严格保护，对历史镇区内未列入古树名木的大树、老树和有特色的灌木也应原地保护，历史镇区内10年树龄以上的树木不得砍伐。

### 3.建筑保护与更新

现状建筑主要以一、二层为主，总建筑面积12.49万m²，建筑基底总面积8.37万m²，平均层数1.5层，容积率0.44，建筑密度29%。

区内保留有榜眼府、杨氏孝坊、杨氏南宅等清代建筑，其余建筑多建于20世纪80年代，并有部分民国插建建筑。

从整体建筑风貌上看，大部分建筑风貌较为协调，其中民居建筑基本保持了传统民居的院落肌理、庭院式布局的民居特色。历史风貌较为完整的主要集中在北街。

现状建筑质量总体水平较好，建筑结构多为砖木混合结构和砖混，但部分民居由于年代久远，疏于维护，质量较差。

古镇最初是奚浦钱氏收取田租之庄，后经数百年的发展形成了以集贸功能为主，建有典当铺、银楼、布庄、染坊等大商号，义塾、义庄、善局、更楼、码头仓库等公益设施，享有"银恬庄"之誉。

结合现状建筑遗产的年代、风貌、质量、层数以及其历史功能综合确定每栋建筑的保护与整治模式。

**凤凰古镇建（构）筑物保护与整治模式**

| 分类 | 文物保护单位 | 控保建筑 | 历史建筑 | 其他一般建（构）筑物 | |
|---|---|---|---|---|---|
| | | | | 与历史风貌无冲突的建构筑物 | 与历史风貌相冲突的建构筑物 |
| 保护与整治模式 | 修缮 | 修缮 | 修缮、修复 | 保留 | 整治、改造、拆除 |

**凤凰古镇建（构）筑物保护与整治比例表**

| 项目 | 历史文化街区 | | 历史镇区（除历史文化街区） | | 规划范围（除历史镇区） | |
|---|---|---|---|---|---|---|
| 保护与整治模式 | 3.11hm² | | 17.78hm² | | 29.29hm² | |
| | 建筑面积（m²） | 比例（%） | 建筑面积（m²） | 比例（%） | 建筑面积（m²） | 比例（%） |
| 修缮 | 4193.22 | 27.08 | 266.20 | 0.36 | — | — |
| 修复 | 2333.14 | 15.07 | 576.68 | 0.79 | 364.73 | 1.01 |
| 整治 | 4219.1 | 27.23 | 45249.79 | 61.65 | 15599.33 | 43.33 |
| 改造 | 1655.08 | 10.69 | 9012.2 | 12.3 | 5241.52 | 14.56 |
| 保留 | 2857.06 | 18.45 | 3879.34 | 5.29 | — | — |
| 拆除 | 229.14 | 1.48 | 14390.71 | 19.61 | 14795.76 | 41.1 |
| 合计 | 15486.74 | 100 | 73374.92 | 100 | 36001.34 | 100 |

### 4.水系规划

#### 1）水系规划

环通水系，恢复"玉带绕庄、五水入镇"的历史水系格局。

环通玉带河，恢复历史上"玉带绕庄"的水系格局，结合周边环境整治，建设成为具有水上观光、休闲、旅游功能的河流。

取消溪蒲塘航运功能，使之成为旅游景观河道，结合驳岸整治，设置相关码头、河埠头等旅游休闲设施。

结合柏事高服饰工厂搬迁以及蒋宅修复，沟通水系，联通奚蒲塘与西洋塘。

结合安固宿舍地块改造，向西打通恬庄塘，与奚蒲塘贯通，恢复历史水系格局。

沟通五号桥东侧水系，与恬庄塘成为一体，结合新建桥梁、沿河绿地设置小型游憩设施。

沟通莠稍岸西侧河流，考虑到204国道交通量比较大，通过涵管与玉带河连通。

沟通夏家坊河，在204国道下设置涵管与玉带河连通。

### 2）规划要求

整治河道两侧的传统民居建筑，整治影响风貌、与环境不协调的建筑。

保持路河平行的空间关系，两侧房屋建筑檐口高度不得超过9m，体量宜小，使沿河建筑高度与河面宽度保持适当的尺度比例，并应保持沿河建筑的特色，体现"小桥流水"、"人家枕河"的景观特色。

改善沿河居民的市政配套设施，严禁污水排入河道，保持河道水体的清洁卫生。

疏浚、整治河道，整修桥梁、驳岸，加深河床，适当拓宽局部过窄处的河道宽度，开辟水上游览系统。

恢复新开挖河道宽度为5～15m，两侧驳岸形式以直立式为主，外围农田区域及局部地块采用生态绿化驳岸。

## ■ 八、旅游系统规划

### 1.目标定位

以山歌之乡、非遗传承、乡土风情、农耕体验为主题的旅游休闲场所，目标客户以周边城市居民为主，旅游定位以周末游为主。

### 2.旅游项目策划

突破传统的观光旅游模式，积极提倡向体验游模式转变。考虑将历史镇区与镇域河阳山歌馆、永庆寺、凤凰山-鹭山景区、千亩桃园共同组织游线，强调休闲游、度假游、主题游和自驾游。

历史人文寻踪游：以恬庄南北街为骨架，以榜眼府、杨氏孝坊、杨氏南宅等建筑文化遗产点为核心，以中街和东街为路线，向周边纵深扩展，形成以明清聚居风貌为背景，具有地域特色的历史风貌游线。

康体休闲游：以田园采摘、体育活动、礼佛修禅和温泉休闲为特色的康体休闲游线，形成具有凤凰地域特色现代文化休闲游线。

乡村民风习俗游：以田园观光体验、农家乐和质朴的江南乡村水乡风貌为特色的乡村风貌游线，体现凤凰田园风貌、当代民风习俗，生活情趣等特色农家乐。

### 3.主要旅游路线规划

#### 1）镇域游线

通过旅游电动车、自行车以及游船组织镇域旅游线路，串联恬庄历史镇区、凤凰山、鹭山、千亩桃园、凤凰镇区等主要旅游片区，开展旅游活动。其中：

机动车游线：从恬庄出发，沿凤恬路向西，经金谷路，转到凤码路，过西参路向北，经西塘公路向东，至204国道，向南折回恬庄。

自行车游线：从恬庄出发，沿凤恬路向西，经虞张公路，转至凤码路向东，经西新街回恬庄。

水上游线：从恬庄沿溪蒲塘出发，经让塘、鹭山塘、新西河、山东塘后，从三丈蒲折向溪蒲塘，回恬庄。其中在恬庄南、鹭山南、千亩桃园、凤凰镇区、凤凰山北侧分别设置水上码头，方便游人上下。

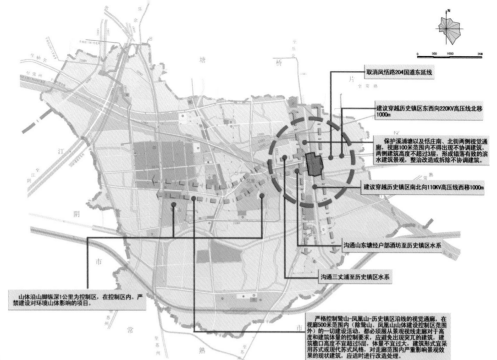

震泽古镇总体规划调整建议

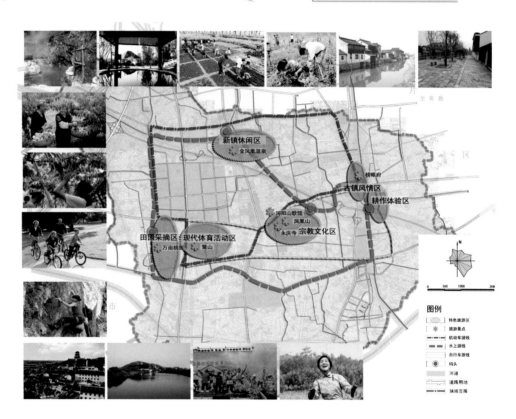

震泽古镇旅游系统规划图

## 2）历史镇区游线

通过步行以及游船组织区内旅游线路，串联区内各个旅游点，开展旅游活动。

陆路游线：起点位于区内南北入口，沿南街、北街、中街以及东街展开，其中大弄堂、小弄堂、臭弄堂、庙弄等作为陆路游线辅助游线。

水上游线：从北部旅游接待中心出发，沿溪浦塘向南，过五号桥，转向西洋塘，再过朱家坝桥向北折回溪浦塘。

规划编制单位：苏州市规划设计研究院

凤凰 河畔（张杏林 摄影）

苏州
古镇
保护规划

常熟
中国历史文化名镇（第四批）

# 沙家浜

沙家浜　芦苇荡（常熟市规划局　提供）

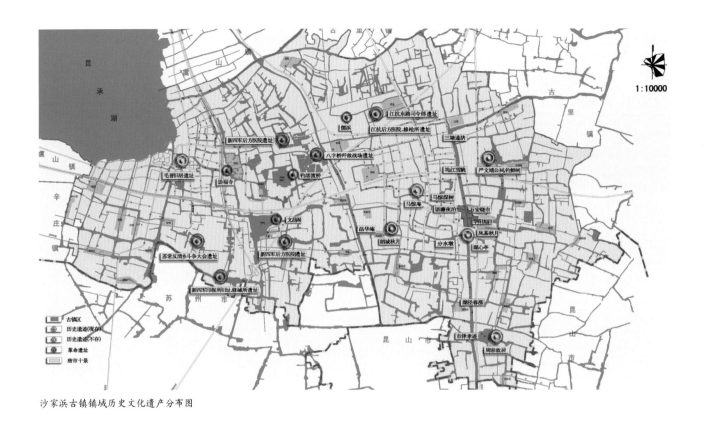

沙家浜古镇镇域历史文化遗产分布图

　　沙家浜是常熟周边至今留存的最具价值的历史文化名镇之一，2006年12月被江苏省人民政府公布为省级历史文化名镇，2008年公布为国家历史文化名镇。

# ■ 一、现状概况

## 1.历史沿革

　　沙家浜属于发达的吴文化地区。早在新石器时期，当地就有人类祖先活动的遗迹。唐代沙家浜属常熟双凤乡，宋、元两代隶属未变。明代正统年间（1436～1449年），乡人逐渐聚居于尤泾河及语濂泾狭窄处，形成集市，称为唐市。明清以来，这里人文荟萃，大家辈出。1992年设沙家浜镇。2003年唐市镇与沙家浜镇合并成为沙家浜镇。

## 2.自然地理

　　古镇位于江苏省常熟市东南隅，紧邻上海，处于苏州、无锡、南通等长江三角洲地区经济发达的大中城市怀抱之中，区位优势得天独厚；水陆交通发达，苏嘉杭高速穿镇而过。

　　沙家浜属亚热带季风性湿润气候，季风盛行，四季分明，一年四季昼夜气温差异较大。境内水网稠密，地势低洼，湖荡密布，素有"江南水乡"之称。

## 3.社会经济

　　沙家浜镇镇域总面积约80.4km²，城镇建成区面积5.1km²。改革开放以来，沙家浜镇经济不断发展，综合实力不断增强，第三产业发展迅速，旅游品牌效应初显成效，基础设施和社会事业发展较快。

## 4.文化价值

　　沙家浜古镇是常熟历史文化城镇的重要组成部分，有着悠久的历史较高的文化价值和深远的革命意义。唐市是体现其历史文化价值的核心区域，古镇因水成镇，河街并行，古桥界定的城镇空间格局独特。芦苇荡是体现其历史革命意义的核心区域，是有着光荣革命传统的红色抗日根据地，是著名京剧《沙家浜》故事的发生地，影响深远。

*沙家浜古镇镇域历史文化保护规划图*

# ■ 二、历史文化遗产保护

## 1.文物保护单位

### 沙家浜文物保护单位

| 名称 | 年代 | 级别 | 地址 | 名称 | 年代 | 级别 | 地址 |
|------|------|------|------|------|------|------|------|
| 万丰桥 | 清代 | 省级（待批） | 古镇尤泾河北市稍 | 福民禅寺 | 宋代 | 市级 | |
| 华阳桥 | 清代 | 省级（待批） | 古镇金桩浜东市稍 | 殷氏故居 | 清代 | 市级 | |
| 石板街 | 明代 | 省级（待批） | 繁荣街 | 李雷故居 | 清代 | 市级 | |
| 钓渚渡桥 | 明代 | 市级 | 芦苇荡风景区内 | 中心街28号 | 清代 | 市级 | |
| 望贤楼 | 民国 | 市级 | 东北街49号 | 繁荣街51号 | 晚清 | 控保建筑 | 繁荣街51号 |
| 崇福寺 | 南宋 | 市级 | | 中厅 | 民国 | 控保建筑 | 飘香园内 |

不允许改变文物的原有状况、面貌及环境；如需进行必要的修缮，应在专家指导下遵循
"不改变原状"的原则，做到"修旧如故"，并严格按修缮审批手续进行；现有影响文物原
有风貌的建筑物、构筑物必须坚决拆除，且保证满足消防要求；建筑高度维持原状。

建设控制地带：控制为防火绿化带或传统形式的建筑，建筑物控高二层，檐口高度不超
过6m；凡保留的传统民居建筑应加强维修，无需保留的建筑应逐步拆除，新建建筑色彩应
采取青、灰白、原木色等沙家浜传统建筑特有的色彩；建筑布局形式宜为院落式格局；门、
窗、墙体、屋顶及其他细部宜为传统建筑的做法。

## 2.保护建筑

规划确定的保护建筑有20处，按照《苏州市古建筑保护条例》的要求划定古建筑保护范围，
并根据实际需要划定相应的风貌协调保护区。

## 3.历史古镇

历史古镇保护界线划定两个层次：保护区及建设控制地带。

### 1）古镇保护区

以尤泾河、语濂泾、金桩浜、河东街、河西街、河北街、倪家弄为中心向两侧延伸40～50m范围，界线范围9.3hm²，其中包括河流面积1.9hm²。

建筑的形式应为坡屋顶，体量宜小不宜大，建筑控高二层以下，檐口高度不超过6m，色彩控制为青、灰白及原木色等。功能应以居住或社区公共服务建筑为主。保持原有的空间尺度，门、窗、墙体、屋顶等形式应符合风貌要求。原有电线杆、有线电视天线等有碍观瞻之物应取掉。铺地以石板和青砖为主。环境小品（如果皮箱、标牌、广告、招牌、路灯等）应具有地方特色。保证满足消防要求。

### 2）古镇建设控制地带

在古镇保护区外，古镇规划范围以内，东至华阳桥金桩路一线，南至南新桥中环路，西至繁华街语溪里，北至万丰桥河北街沿线，界线范围22.6hm²，面积13.3hm²。

该范围内各种修建性活动应在规划、文物等有关部门指导并同意下才能进行，其建筑内容应根据文物古迹和历史古镇的保护要求进行，以取得与保护对象之间合理的空间景观过渡。建筑形式为坡屋顶。建筑控高居住建筑为二层以下，建筑檐口高度不超过6m。公共建筑为三层及三层以下，建筑檐口高度不超过9m，总高度不超过12m。色彩以青、白及灰色系为主色调。

### 3）古镇环境协调区

在古镇建设控制地带外再规划古镇环境协调区，范围北至浦娄河，南至中环路以南200m至河，西至规划凌云南路，东至规划改线的常昆公路，界线范围70.1hm²，面积47.5hm²。古镇环境协调区内的城镇建设要与水乡自然环境协调，要与古镇历史风貌协调，建筑檐口高度不超过四层12m，建筑采用双坡顶。

沙家浜古镇镇域总体规划图

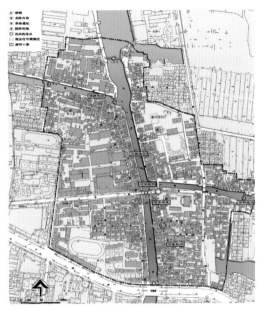

沙家浜古镇历史地图示意

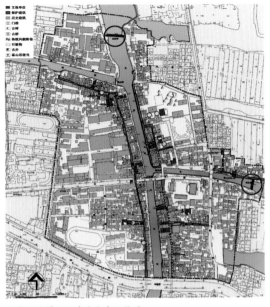

沙家浜古镇文化遗产分布现状图

沙家浜古镇及周边保护范围划定

沙家浜古镇保护范围划定图

## 4. 环境要素

### 1）桥梁、码头

取消尤泾河、语濂泾、金桩浜三条河道的通航功能，保护万丰桥、华阳桥、钓渚渡桥3座古桥梁。

古桥是界定市镇空间的重要标志物，规划恢复万安桥、万汇桥、聚隆桥。恢复原有桥头开放空间，形成重要的景观节点，重点为万安桥地段。整治现有与古镇风貌不协调的桥梁，包括不符合风貌要求的材料、栏杆形式、市政管线等。规划整治造反桥，恢复其原有红桥的名称；规划拆除现繁荣桥，新建与万安桥形式相近的单跨石拱桥。

保护尤泾河、语濂泾、金桩浜两岸老码头、河埠，修缮中注意保持原有的多样性。

### 2）古树名木

严格保护镇区内登记的古树名木，10年树龄以上的树木不得砍伐。

### 3）古井

水井是古镇内具有特色的重要的历史环境要素，是古镇重要的空间类型之一，是邻里交流最频繁的空间之一。规划保护古井及其附属物，整治周边环境卫生，保护水体不受污染。公共水井结合街道开放空间，形成景观节点。私家水井结合庭院空间的保护整治。

### 5.镇域历史文化保护

在镇域范围内，除中心镇区外，规划以芦苇荡为核心形成芦苇荡革命历史风景区，保护恢复与利用展示区内及其附近的革命历史遗迹，包括春来茶馆、歼敌处弄、文昌阁等。规划朗城潭、市泽潭、儒滨为历史环境点，尽管其历史遗迹不存，在新城镇建设中要利用其环境特色体现历史文化内涵。

### 6.近代革命文化保护

沙家浜人民与新四军鱼水情深的故事广为传颂，由此而诞生的沪剧《芦荡火种》和京剧《沙家浜》更成为戏剧文化的精品，久唱不衰。

规划以沙家浜芦苇荡风景区为核心，挖掘其作为爱国主义教育基地、青少年思想道德教育基地、全民国防教育基地的潜力，弘扬其以近代史实为主题的爱国主义文化内涵。结合沙家浜风景区的建设，进一步挖掘传统京剧内涵和革命史迹如新四军后方医院、江抗活动旧址、新四军印报所旧址等，通过各种设施与活动进行发扬与再现。

### 7.非物质文化遗存保护

继承和弘扬优秀的地方文化艺术，保护具有地方特色的革命戏剧、传统戏曲、传统工艺、传统产业、民风民俗等口述和其他非物质文化遗产。

规划挖掘和保护10项非物质文化遗产，包括革命戏剧（沪剧《芦荡火种》和京剧《沙家浜》）、石湾山歌、周神庙庙会、织夏布、水乡婚礼、龙船竞渡、编竹器、花灯、芦苇画、沙家浜革命故事。

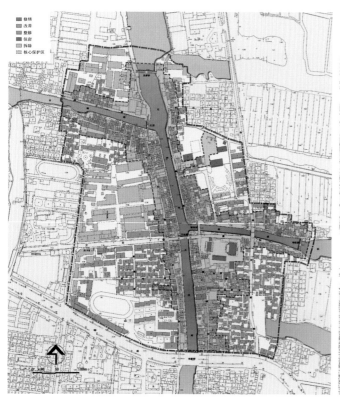

沙家浜古镇建筑保护整治模式图

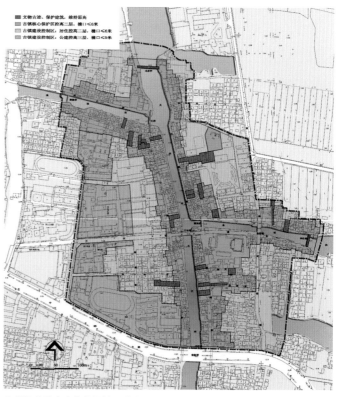

沙家浜古镇建筑高度控制规划图

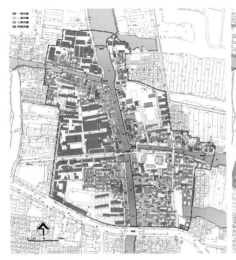
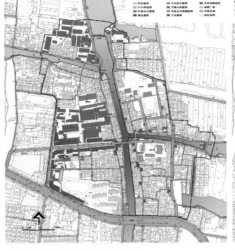
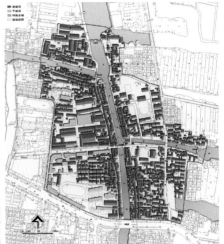

沙家浜古镇建筑风貌分析图　　　　　　　沙家浜古镇建筑使用性质现状图　　　　　　沙家浜古镇屋顶平面现状图

保护和恢复原有街巷、桥梁等的历史名称。

# 三、建筑风貌保护

### 1.现状建筑评价

**沙家浜古镇镇区建筑质量现状统计表（规划范围内）**

|  | 一类质量 | 二类质量 | 三类质量 | 四类质量 | 合计 |
|---|---|---|---|---|---|
| 建筑基底面积（m²） | 22431 | 46996 | 17300 | 2838 | 89565 |
| 所占比例（%） | 25.0 | 52.5 | 19.3 | 3.2 | 100 |

### 2.保护整治模式

保护整治模式包括：修缮、改善、保留、整修、拆除五种形式。

对历史古镇而言，所有历史建筑都需要改善，只有这样才能保证历史古镇的完整性、真实性。因此，在建筑保护与整治模式表统计中，需要保护的文物古迹和历史建筑的建筑用地面积7.2hm²（建筑总用地约5.3hm²，河流为1.9hm²），占保护区用地面积（9.3hm²）的77.4%，满足《历史文化名城保护规划规范》中60%以上的要求。

# 四、建筑高度控制

建筑高度控制和视线走廊控制是古镇保护规划的重要内容之一。

现状古镇区内历史建筑沿街多为一至二层，民居建筑一层建筑檐口约为2.5m，二层建筑檐口约为5.2m，公共建筑二层建筑檐口约为6.0m。

1.文物保护单位和保护建筑的保护范围内，高度控制维持原有高度；不容许在保护范围内有超过最低文物建筑和保护建筑的建构筑物。

2.文物保护单位和保护建筑的建设控制地带内，建筑控高二层，建筑檐口高度不超过6m。

3.古镇保护区内，建筑高度控制为一至二层的坡屋顶建筑，建筑一层檐口高度不超过3m，二层檐口高度不超过6m。

4.严格控制河东街、河西街、河北街、北新街、倪家弄、金桩浜等传统街巷两侧的建筑高度，保持河街两侧错落有致的建筑轮廓。

5.古镇建设控制地带内，居住建筑控高为二层以下，檐口高度不超过6m。公共建筑控高为三层及三层以下，檐口高度不超过9m，总高度不超过12m。建筑全部采用坡顶形式。

沙家浜古镇保护建筑规划引导

## ■ 五、空间环境保护

### 1.空间景观的保护与整治

1）街巷空间：街巷空间是古镇内重要的公共空间，保护其原有的建筑布局，空间退让，改善功能使用。规划保护河东街、河西街、河北街、北新街、倪家弄、金桩浜。

2）河道空间：保护古镇范围内尤泾河、语濂泾、金桩浜两侧埠头、桥头等各种类型的滨水空间，保护驳岸，保护水体。

3）桥头开放空间：指由桥头房屋退界或两桥垂直相交而形成的公共空间。此类空间有丰富的空间要素、良好的空间比例尺度，是集中体现江南水乡风貌特色的空间节点，也是居民交往的重要空间。规划重点保护与形成万丰桥、华阳桥、万安桥、万汇桥、聚隆桥、红桥、繁荣桥的桥头空间。

4）广场开放空间：规划万安街西侧入口广场、文化站前严文靖公广场、周神庙万安桥头广场、东岳庙万汇桥头广场，根据其周边建筑环境确定其尺度及开放程度。

5）水井空间：水井空间是古镇内有特色的空间环境要素之一。规划结合街坊公共空间的整治保留3处公共水井空间，保护原有井圈，强化井台铺砌，加强绿化，保护水体。

### 2.环境设施的保护与整治

严格控制古镇内招牌、指示牌、路灯、公用电话、果皮箱等环境设施，必须从形式、色彩、风格等方面符合历史风貌的特征；不宜安排大型市政设施，功能需要配备的市政设施应采用户内型；古镇内市政管线均应采取地下敷设方式，避免线路架空敷设；保护古树名木，强化滨水绿化，突出绿化配置的地方特征。

## ■ 六、用地规划调整

### 1．现状分析

古镇内以三类居住用地为主，市政设施不够完善，建筑密度大。古镇保护区内建筑风貌差的障碍建筑主要是20世纪80年代后沿河沿街翻建的民居，有相当部分建筑层数超过3层。古镇建设控制区内建筑风貌差的障碍建筑主要是石油机械厂、第二造纸厂、唐市中学和唐市小学的建筑。现状商业分布主要沿万安街、繁华街、中环路两侧，建筑风貌与古镇也不协调。

### 2．居住用地

河东街、河西街、河北街、北新街、倪家弄、金桩浜主要为传统民居片，以传统建筑的改善和一般建筑的整修为主，降低建筑密度，改善市政设施，提高居民生活质量。石油机械厂东部和第二造纸厂用地更新置换为二类居住用地，新建筑要按规划符合古镇风貌保护要求。

### 3．商业用地

整治万安街两侧建筑风貌，主要为镇区居民服务的商业设施，石油机械厂用地更新置换为旅游服务的宾馆用地。河东街主要形成旅游服务的特色传统商业街。

### 4．文物古迹用地

规划将现状各种使用性质的保护建筑统一划归文物古迹用地。为更好地保护与利用文物古迹，优先恢复其原有的使用功能，如园林、老字号、茶楼等，对于原有居住功能的文物古迹，只要是符合其历史文化内涵，不破坏原有建筑特色和环境的，所有使用功能都应鼓励，如作为文化展示、旅游休闲、社区服务等。

## ■ 七、绿地与景观系统规划

### 1．公共开放绿化

完善飘香园园林景观绿化，恢复河东街倪家弄口杨园；沿万安路、繁华街设置，以单株乔木

**沙家浜古镇用地平衡表**

| 性质代码 | 用地性质 | 面积（hm²） | | 比例（%） | |
|---|---|---|---|---|---|
| | | 现状 | 规划 | 现状 | 规划 |
| R | 居住用地 | 8.47 | 9.30 | 37.5 | 41.2 |
| U | 市政设施用地 | 0.07 | 0.21 | 0.3 | 0.9 |
| C1 | 行政办公用地 | 0.38 | 0.10 | 1.7 | 0.4 |
| C2 | 商业金融用地 | 1.19 | 1.92 | 5.4 | 8.5 |
| C3 | 文化娱乐用地 | 0.72 | 0.87 | 3.2 | 3.8 |
| C6 | 教育科研用地 | 2.22 | 2.40 | 9.8 | 10.6 |
| C7 | 文物古迹用地 | 0.03 | 0.54 | 0.1 | 2.4 |
| C9 | 其他公共设施用地 | 0.53 | 0.46 | 2.3 | 2.0 |
| M | 工业用地 | 3.25 | 0 | 14.4 | 0 |
| G1 | 公共绿地 | 0.28 | 0.65 | 1.2 | 2.9 |
| E1 | 河流 | 2.27 | 2.25 | 10.1 | 10.0 |
| S2 | 广场用地 | 0.29 | 0.78 | 1.3 | 3.5 |
| S1 | 道路用地 | 2.81 | 3.06 | 12.4 | 13.5 |
| S3 | 停车场用地 | 0.07 | 0.06 | 0.3 | 0.3 |
| | 总用地 | 22.60 | 22.60 | 100.0 | 100.0 |

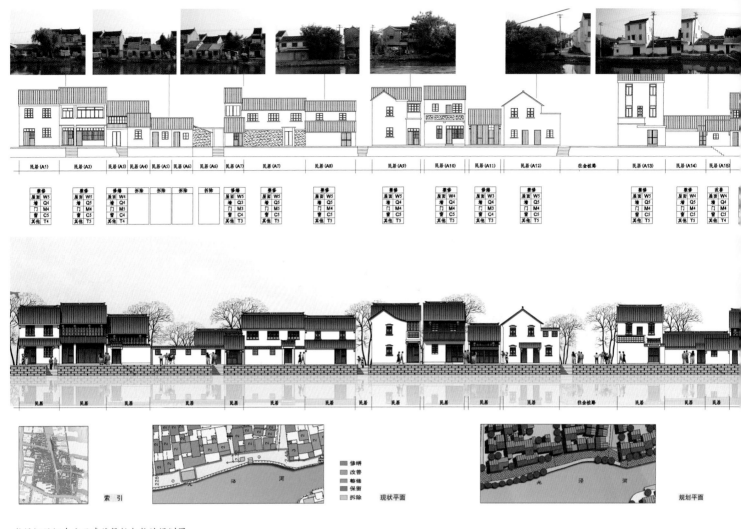

尤泾河沿河东立面建筑保护与整治规划图

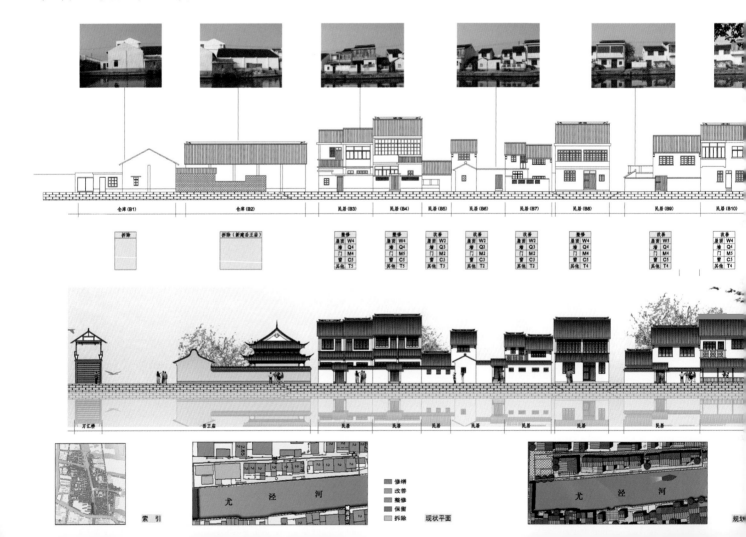

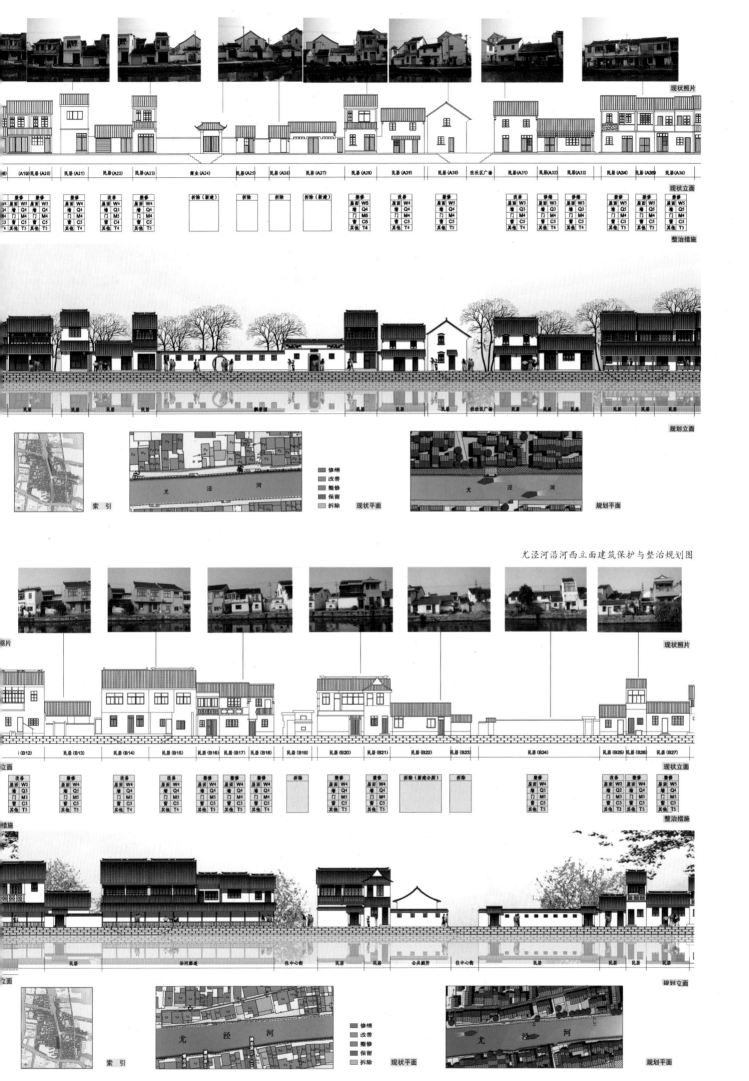

尤泾河沿河西立面建筑保护与整治规划图

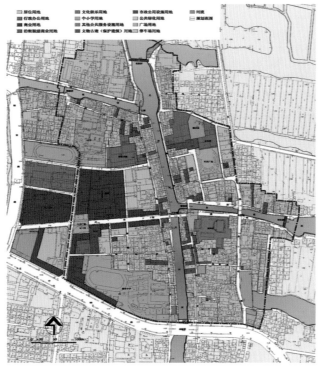

沙家浜古镇土地利用规划图

沙家浜古镇绿化系统规划图

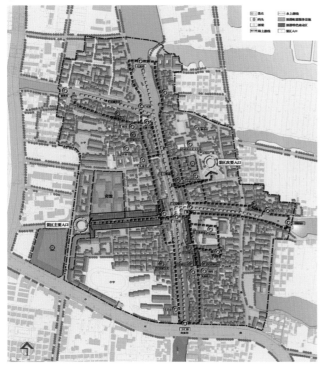

沙家浜古镇旅游景点规划图

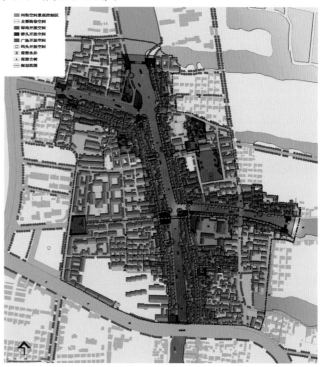

沙家浜古镇空间景观规划图

为主；在万安街西侧入口广场、文化站前严文靖公广场、周神庙万安桥头广场、东岳庙万汇桥头广场4处广场设置绿化；沿尤泾河两侧红桥以北的开放空间，设置江南水乡特色的景观树种。

## 2.街坊绿化

利用街巷交叉和转角处或拆除的建筑空地形成小型街坊绿地；结合文物古迹的保护，整治其庭院空间景观环境。

# ■ 八、重要街巷与建筑的保护与整治

## 1.传统建筑特色

沙家浜古镇的传统建筑具有典型的江南水乡地区特点，与古镇尺度协调，因地制宜，小巧玲珑。

1）屋脊：屋顶以硬山为主，屋脊按形式有雉毛、纹头、甘蔗、哺鸡等，亦有不用脊。

2）山墙：山墙以垩白与青瓦对比，清新雅致，并形成起伏变化丰富的天际线。其中封火山墙最有特色。

3）窗：窗格丰富多彩。有砖瓦的，有铁木筋外加纸筋灰膏塑的，有木花格的。木制花窗一般用于厅室，以分内外、避寒暑，等等。

4）门：许多居民在木排门外加矮闼门，或在窗外侧加木制护栏，雕饰虽少，但形式朴实美观。

5）埠头：水埠是古镇人家日常生活不可缺少的依靠，是汲水、洗涤、停泊交易、运输的场所，俗称"水桥头"。河埠是通到水里去的桥头，一般石砌的踏阶一直通到水中。

6）栏杆：有装于走廊两柱之间的，也有装于地坪窗和合窗之下的，低者称半栏，上设坐栏者又称栏凳。木制栏杆花纹以乱纹、回文、笔管为多。

7）庭院组合：庭院式住宅空间布局变化多样，民居与空间环境巧妙结合。庭院式住宅每一落（一路）常有三五进甚至七进之多，大型住宅由二三落组合而成，每一进组合相互独立，互不干扰。

## 2.重要街巷街景整治

确定需要进行立面整治的保护河街为河东街、河西街、尤泾河、语濂泾两侧；将沿街建筑立面分解为屋面、墙体、门、窗及其他建筑细部，根据现状保存程度分别进行修缮、修复、整修或改造。

规划编制单位：上海同济城市规划设计研究院

泗家浜　唐市古镇（常熟市规划局　提供）

# 古里

古里　临河而居（常熟市规划局　提供）

古里　铁琴铜剑楼广场（常熟市规划局　提供）

古里　历史文化街区（常熟市规划局　提供）

古里、白茆、淼泉三地均位于常熟市境域东部。2003年2月，古里与淼泉合并成为新古里镇；2003年10月，白茆镇并入新古里镇。三镇合并后的行政办公地点设于古里镇区，在淼泉与白茆设办事处。

# 一、古镇概况

## 1.历史文化价值

古里镇钟灵毓秀，英才荟萃，江南文化发育成熟，名胜古迹、古物及文物遗存甚多。钱谦益、柳如是的爱情和人生令人顿生感泣，瞿氏家族致力藏书、传承有序的故事则令人肃然起敬；既有饱蘸江南水乡精粹的铁琴铜剑楼，亦有承载历史风云变幻和命运传奇的红豆山庄，而刘氏敦厚堂则塑造了另外一种独特的历史文化人文景观；星罗棋布、处处点缀的庙宇、寺庵，祠堂、义庄，古桥梁、墓、碑以及各种文物古建筑，在构筑古里历史文化多维面目和特征之时，也奠定了古里规划和持续发展的历史基点。白茆山歌、陆瑞英民间故事等非物质文化遗产源远流长，意蕴悠远。

## 2.空间结构形态

在长期的历史积淀中，古里镇形成了与江南水乡生活方式吻合的环境模式，总体布局与主要流通渠道河道关系密切，遵循"因水成街、因水成市、因水成镇"的空间组织原则，顺应网状河流特征形成组团式城镇。

古里镇域范围内河港交叉，水、路、桥融为一体，建筑依河而筑，与古镇河道及周围湖泊的优美自然地理环境融合，优美的水乡自然风景与悠久的历史文化相得益彰；建筑随意精练，造型轻巧简洁，色彩淡雅宜人，轮廓柔和优美，更体现和反映了人工与自然的和谐。

## 3.经济与社会发展状况

古里镇社会经济发展状况良好，国民经济持续快速发展。近年来，注重培育发展特色产业，形成了以服装、纺织、生物医药、轻工机械四大产业为主体的产业发展体系。常熟古里镇现有4个荣誉称号：国家卫生镇、全国环境优美镇、中国羽绒服装名镇、江苏防寒服饰名镇。

# 二、古镇风貌与格局保护

## 1.整体风貌保护

集镇区范围重点保护青墩塘、东港河、西港河沿线环境风貌、自然水系以及沿岸水乡风光和驳岸、码头等历史环境要素。镇域范围重点保护白茆塘、练泾塘等主要水系。

结合古镇绿地系统和外围生态网架的规划建设，构筑历史文化古镇的绿色屏障。以田园风光为主体，以水系为绿带，以道路为骨架，串联各类公园、绿地，组成点线面结合的园林绿地系统，并与古镇外围农林生态防护网联为一体，形成内外交融的绿化空间，保证古镇空间在更大范围内的良好生态环境。

## 2.格局保护

### 1）保护古镇独特水乡风貌及形态

古镇临水而建，水系蜿蜒交织，是江南典型的"小桥流水人家"水乡风貌。街巷房舍顺水系建造，水街相依，水巷和街巷是古镇整个空间系统的骨架，是人们组织生活、交通的主要脉络。古镇在更新改造过程中，不得改变地形和水系，应保持原有环境风貌特征。

### 2）保持古镇内道路、街巷基本格局

大力改善古镇的交通状况，构筑外环的道路系统，缓解古镇镇区内部的交通压力。充分考虑对自然环境和历史风貌的保护，历史街区内的道路布局，应服从保护规划的要求，原则上不得改变已有的道路骨架和街巷格局，不得破坏沿街建筑和环境风貌，必要时应根据具体情况实行交通管制。对历史文化街区外围的道路布局，应考虑与历史文化街区空间尺度的协调。

## 古里古镇镇域范围重要物质与非物质历史文化遗产

| 名称 | 现状 | 概况 |
|---|---|---|
| 铁琴铜剑历史文化街区 | 保存良好 | |
| 李市历史文化街区 | 保存良好 | |
| 铁琴铜剑藏书楼（省保单位） | 保存良好 | 省保单位 |
| 瞿启甲墓（市保单位） | 保存良好 | 省保单位 |
| 刘氏敦厚堂（市保单位） | 保存良好 | 省保单位 |
| 十八烈士墓（省保单位） | 保存良好 | 省保单位 |
| 顾大章墓（原为市保单位，现已撤销） | 已遭破坏 | 原为市保单位，现已撤销 |
| 红豆树（国家二级重点保护树种） | 生长良好 | 国家二级重点保护树种 |
| 军墩城隍庙银杏 | 生长良好 | |
| 莳泾赵庄庵银杏 | 生长良好 | |
| 高场灵岩庄银杏 | 生长良好 | |
| "有原堂"教堂金桂 | 生长良好 | |
| 白茆山歌（国家非物质文化遗产） | | 国家非物质文化遗产 |
| 陆瑞英民间故事（常熟市非物质文化遗产） | | 常熟市非物质文化遗产 |

古里古镇镇域保护规划图

古里古镇现状文物古迹分布图

**3）建筑高度控制与古镇空间轮廓保护**

控制古镇建筑高度，保护古镇空间轮廓和传统风貌特色。

在古镇建立三个层次的保护圈：第一层次为文物保护单位和历史文化街区的保护范围，此范围内维持现存保护对象的建筑高度，对不符合高度控制要求的建筑应限期拆除或改造，不得新建任何与保护对象无关的建筑；第二层次为文物保护单位和历史文化街区的建设控制地带，此范围内新建建筑的体量及建筑密度应严格控制，建筑高度应通过视线分析确定，原则上不得破坏保护对象的空间环境，并满足主要观赏点的视觉保护要求；此外为文保单位、历史文化街区的环境协调范围，应严格控制建筑高度，不得突破四层。

**4）古镇空间轮廓保护**

通过控制建筑高度，利用绿化等措施来展示传统古镇的格局。重点保护古镇沿街、沿河的轮廓线，避免新建建筑对"因水成街、因水成市"的水乡风貌造成破坏。

沿街和水系两岸是古镇景观的重要界面。沿街、沿河不得插建三层以上建筑，改造建筑以一层或二层为主，保持高低错落的建筑立面景观。新建建筑不宜设置过多，体量不宜过大，风格与古镇传统风貌协调。重点加强铁琴铜剑楼、刘氏敦厚堂、未来的徽州会馆周边环境整治，尽量使得这些优秀的传统建筑体量显露出来，成为古镇空间格局中的视觉焦点。

加快古镇的环境整治和景观建设，重点整治镇区主要街道两侧、历史文化街区保护区及其周边环境，促进旅游业的繁荣和发展。

**5）建筑风格控制**

古里的传统民居，大多数是明清和民国初年所建，其建筑风格为典型的苏州民居风格，如粉墙青瓦、"四水归堂"院落式平面布局、采用马头墙等，具有简朴、较少雕饰和布置紧凑的地方特色。在古镇区内新建建筑应与传统建筑相协调，应与古镇总体风貌相协调。

**3.规划实施措施**

**1）用地布局调整与优化**

现有的工业、仓库要按照规划逐步迁出，古镇区产业要"退二进三"，以居住和第三产业为主，适度引进旅游业。用地上主要安排居住用地、公共设施用地、道路广场用地和公共绿地。同时要加快新镇区的开发建设，拉开镇区建设框架。

按照总体规划布局，新镇区以向西、向北为主要发展方向。古里镇区规划以建成区为核心向外扩展，形成五个以生活居住地为主体的组团。东南组团包括老镇区和行政中心，东北、北组团为工业仓储用地，西北组团有镇级公园和新公共中心，西南组团有文教、卫生公共设施。

新区建设按照现代化的要求，展示时代精神的风貌，吸引古镇区的第二产业外迁，通过建设开发新镇区，促进历史文化古城保护。进一步加强对古里历史古镇的保护与整治。

**2）疏解古镇区人口**

严格控制古镇区建筑规模，降低开发强度，合理引导古镇人口外迁，减轻古镇区压力，疏解古镇区各种矛盾。

**3）改善古镇内基础设施**

逐步完善古镇内的基础设施，使其满足现代化的生活需求，基础设施的建设应与历史文化街区风貌相协调。

**4）规划管理**

古镇改造要继承和发展古镇历史文化传统，统一和协调传统与现代的矛盾，遵守历史文脉的延续性，创造整体和谐、富有特色的古镇环境。

严格审核古镇改造项目，制定年度改造计划，原则上不搞商业性开发，应当由政府操作。在投资政策上既要考虑投入产出，又要增加公益性投入。在改造过程应体现传统特征，以院落为单位进行局部更新。建设单位申报危房改造规划，应对文物保护、古树名木、传统风貌影响

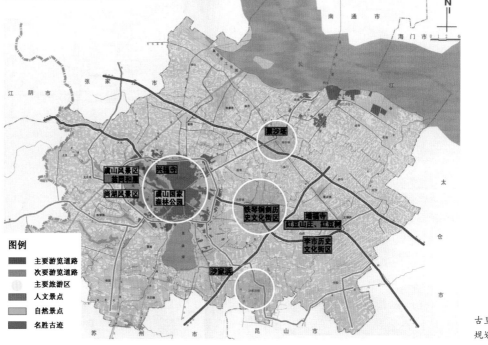

防治、环境改善等提交报告。保护范围内的文物古迹、古建筑和名木古树等保护对象，要严格保护。建设控制地带内的环境应得到有效控制，在此范围内的一切建筑与设施均应服从保护对象的要求，在外观造型、体量、高度、色彩等方面和保护对象协调。风貌协调区范围内一切建筑与设施在建筑风格、体量、造型等方面要体现原有的传统特色，古镇其他一般性地区，一切建设活动均应强化古镇整体特征印象，体现现代建筑风貌，结合使用一些传统的符号和形式，使文化内涵及历史脉络得以延续。

# 三、历史文化街区保护

## （一）铁琴铜剑历史文化街区

铁琴铜剑历史文化街区位于古里镇镇区，规划范围面积18.43hm²，保护区面积1.82hm²。

### 1.土地利用规划

调整土地使用性质，整体复原铁琴铜剑楼。将徽州会馆迁至铁琴铜剑楼西侧，规划设计白茆山歌博物馆或传统民俗博物馆，搬迁现有工厂，建造与传统相风貌协调的现代住宅。

### 2.绿地和河道系统规划

### 1）绿地系统

在历史文化街区保护区地段，街区保持传统独有空间形态，采取见缝插针的形式，处理好建筑转角、凸凹处和街巷收放处的小块绿地，改善外部环境；开发居民院落天井绿化、垂直绿化，以传统形式提高整个街区的绿地率。

在拆除、新建区域，街区采取点、线、面相结合的绿化形式。沿青墩塘布置滨河绿带，沿西港河、东港河结合现状布置滨河绿带；沿铜剑街可布置线性绿化带，沿文昌街、文学街利用小块空地建设点状街头绿地。在街区北面文化展示地段，结合建筑作古色古香又不失文化底蕴的空间、小品绿化设计，结合广场布置景观绿化。在街区散状布置富有情趣的小花坛、盆景，垂直绿化。

2）水系景观整治规划

梳理街区内水网空间，疏通河道，营造亲切宜人的滨河景观氛围。在西港河附近结合文化展示区设计滨河景观区开放空间，沿东港河、青墩塘设置步行景观路。结合铁琴铜剑楼整体复原，整治水环境质量、风貌，创造富有特色的江南水景空间系统，恢复水乡历史风貌。

## 3.高度控制规划

文物保护单位：维持原有建筑高度，不容许在保护范围及建设控制地带内有超过文物保护建筑的一般建构筑物，现状存在的应坚决拆除。

保护建筑和历史建筑：维持原有建筑高度，周边20m范围内有高度超过重点保护建筑和优秀历史建筑的建构筑物，应降低层高或拆除。

控高三层区域：新建建筑一层檐口高度≤3.6m，屋脊高度≤7m；二层檐口高度≤6.6m，屋脊高度≤9.5m；三层檐口高度≤9.6m，屋脊高度≤12.5m；允许历史建筑维持原高。

控高四层区域：位于环境协调区内的建筑，高度控制在四层及四层以下（≤16m）。

## 4.空间景观规划

### 1）街道景观设计

保证街道景观的连续性、协调性；根据不同性质的用地控制建筑后退红线距离和建筑高度，形成宜人的空间尺度，为人们提供更多的公共开放空间；选择实用且鲜明的行道树种，合理搭配街头绿地，形成连续、有个性的街道绿地景观；合理布置街道家具，为人们提供安全、方便、舒适的街道空间；街道灯的选择大方、美观，在满足照度的前提下以不影响居民的休息为原则，为居民提供舒适、温馨的光影空间；街道标志清晰、明确、规范、统一，采用传统元素。

### 2）广告与标识设置

严格限定商业性广告的设置；各类型广告统一规划、协调布置；标识清晰、明确、规范；标识物的形式与周围环境协调；广告与标识进行夜间照明。

### 3）街道景观设计内容

·铜剑街、文学街、文昌街

以植物造景、小品等结合人行道铺装，规范地面车辆的停放，注重增加休闲环境设施，如座椅、书报亭、花坛、景石、小雕塑等，使整个街道空间充满人情味与趣味性；增强夜景效果，吸引更多居民。街道人行设施与购物空间分开设置，规划设计专门的线性休息空间；地面铺装精美，地方特色浓郁，街道景观设施齐全、高雅。

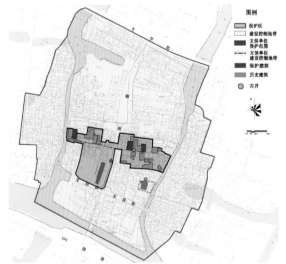

铁琴铜剑街巷保护范围规划图

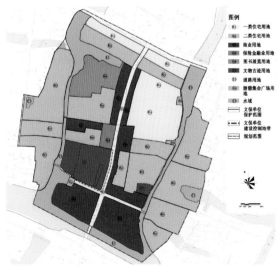

铁琴铜剑街巷土地利用规划图

·水乡居住区生活性街巷

突出水乡居住区内道路景观特色，完善内部道路系统。生活街巷景观设施简洁，采用传统的麻石丁顺铺装，营造水乡氛围。

·滨水景区步行道

完善和健全有特色的水乡对外旅游的配套设施和街道景观设施。增设旅游休闲设施，如景观花坛、景石、垃圾桶、特色铺地、特色景观灯具、特色雕塑等；局部开敞空间设置一些园林小品，如小型景观雕塑等。

### 5.建筑保护与整治模式

分两个保护等级：第一等级，需要保护的建筑采用修缮、维修、改善的整治方式，不宜采用其他方式；第二等级，非保护的一般建（构）筑物，采用保留、整修、改造、拆除的整治方式。

### 6.重点地段整治与设计

#### 1）整治与设计内容

·铁琴铜剑楼复原：根据历史资料，恢复其历史风貌，重现昔日"绕岸一湾溪水绿"的风光。

·徽州会馆迁建：将徽州会馆迁至本街区，作为历史文化街区保护片区的重要组成部分。

·南入口广场设计：南入口规划作为街区主要步行广场，该地段主要内容为文化创意广场，广场铺地材质以当地的青砖、黑瓦为主，通过广场中铺地形式的变化，营造出铁琴铜剑百年兴衰的历史沧桑感；通过雕塑小品群的设置来反映铁琴铜剑历史文化街区深厚的文化底蕴。

·继善堂：继善堂是瞿氏家族后代的住宅，是街区历史的见证。通过规划重点保护，并加以改善，作为建筑单体重点保护整治，重现当日风采。

#### 2）立面整治

·建筑立面综合评价

根据对沿街建筑立面现状的调查，分五个等级：修缮，维修，改善，整修、改造，拆除、重建。

·整治措施

将立面分解成屋顶、墙体、门窗和细部装饰等要素，进行现状评价和整治措施的细分。

门、窗：质量较好且符合风貌要求的，完全保存；框架较好、表面破旧、色彩脱落严重的，保留框架，修缮破旧部分，补刷油漆；框架尚好但结构松动，局部被破坏、尚且能用的，保留框架，重修；破损严重，几乎不能利用，或开启位置形式严重破坏风貌的，按历史原貌和风貌要求重新设计；大部分或整体不符合风貌要求的，其中包括色彩、材料（铝合金、大玻璃）形式等，按风貌要求局部改造或全面更新设计。

墙体：墙体完好、保持有传统特色的，完全保存；墙体较好、墙面粉刷脱落较多的，表面修整；墙体部分破损、墙面脱落剥蚀严重，或多处被改动但基本风貌还在的，刮掉原有墙面全面整修；墙体倾斜、部分被拆除、破坏严重的，拆除并按风貌要求重新设计；墙体已经被任意修改、完全不符合风貌要求或严重影响风貌的墙体，保留建筑结构框架，墙体重新设计。

屋顶：现状完好、符合风貌要求的，完全保存；现状尚好，少量瓦片松散，檐口、屋脊有少许破损的，需修；大部分瓦片松散，有相当部分已经被破坏，檐口、屋脊部分破损，屋面渗漏的，利用原有屋架，翻造传统屋面；屋顶已经被严重破坏或被其他简易材料所替代的，重新设计；影响风貌的屋顶（平顶或其他屋面材料的坡顶），保留原形式，拆掉屋顶，换以黛瓦屋面，对平顶可增加檐口坡顶，按风貌要求局部改造。

细部装饰：延续原有历史风貌和保持街区风貌特色，按照门窗、墙体和屋顶的整治分类措施来进行。

### （二）李市历史文化街区

李市村位于白茆市镇南5km处，历史文化街区规划范围位于李市村东部，规划面积

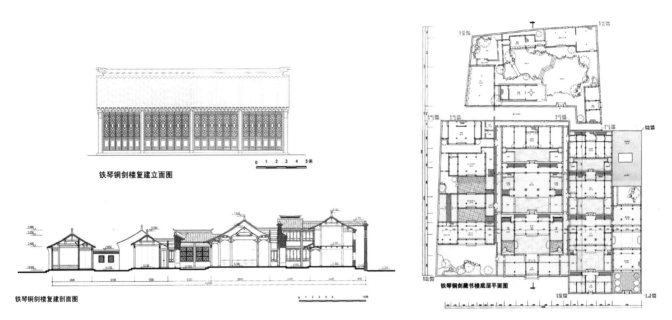

铁琴铜剑楼复建立面图

0 1 2 3 4 5米

铁琴铜剑楼复建剖面图

0 1 2 3 4 5 10米

铁琴铜剑藏书楼底层平面图

铁琴铜剑重点地段整治与设计

铁琴铜剑重点地段整治与设计

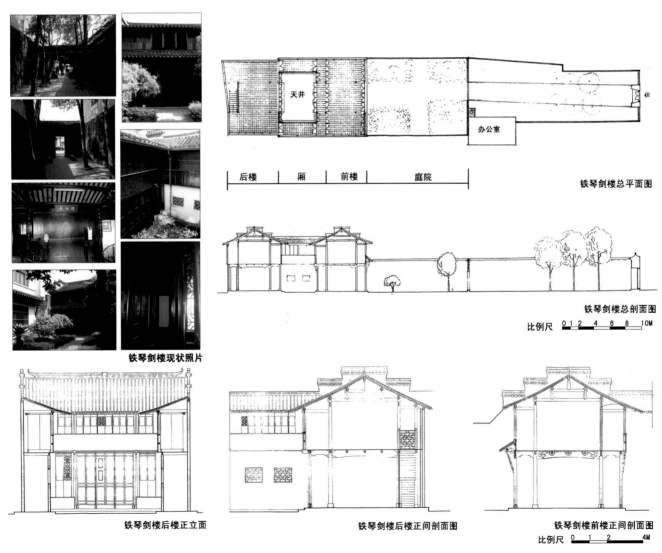

铁琴剑楼现状照片

| 后楼 | 厢 | 前楼 | 庭院 |

天井

办公室

铁琴剑楼总平面图

铁琴剑楼总剖面图

比例尺 0 1 2 4 6 8 10M

铁琴剑楼后楼正立面

铁琴剑楼后楼正间剖面图

铁琴剑楼前楼正间剖面图

比例尺 0 1 2 4M

铁琴铜剑重点建筑测绘图

14.20hm²，划分为历史建筑、保护区和建筑控制地带三个层次。

**1.土地利用规划**

调整土地使用性质，恢复李市集镇景观风貌，拆除街区内简易棚房、倒塌建筑、废旧废弃建筑以及部分影响街区风貌的牲口圈和杂物房屋；搬迁街区西北角的石棉板加工厂和粮管所；完善服务设施，加强市政基础设施建设。

**2.绿地与河道系统规划**

**1）绿地系统**

根据步行系统改造，增加街头绿地，同时在街区内部增加小块绿地；处理好建筑转角、凸凹处和街巷收放处的小块绿地；开发居民院落天井绿化、垂直绿化。

**2）水系景观整治规划**

梳理街区内水网空间，疏通河道，清除淤泥，恢复循环流动的水环境，营造亲切宜人的滨河景观氛围。在黄瓜浜附近设计滨河景观区开放空间，沿陈泾河、市河则设置步行景观路。整治水环境，创造富有特色的江南水景空间系统。

**3.高度控制规划**

历史建筑：维持原有建筑高度，周边20m范围内有高度超过重点保护建筑和优秀历史建筑的建（构）筑物，应降低层高或拆除。

控高二层区域：在历史街区核心保护区内严格控制建筑高度少于二层。原有建筑维持现高，新建建筑不超过二层。新建建筑一层檐口高度≤3.6m，屋脊高度控制在5.8～6.6m；新建建筑二层檐口高度≤6.6m，屋脊高度控制在8.8～9.6m；现状明清建筑物屋脊高度不一，结合现状特点，允许明清时期传统风貌建筑维持原高。

控高三层区域：在建设控制地带范围内，建筑控高三层或三层以下。新建建筑三层檐口高度≤9.6m，屋脊高度控制在11.8～12.6m。

控高四层区域：位于李市历史文化街区规划范围50m范围以外，建筑高度控制在四层及四层以下，总高度≤16m。

**4.空间景观规划**

同铁琴铜剑历史文化街区。

**5.建筑保护与整治模式规划**

同铁琴铜剑历史文化街区。

**6.重点地段整治与设计**

**1）整治与设计内容**

·李市大街：为李市历史文化街区保护区的重点地段，街巷两侧多为历史建筑，采用多种处理方法，保持历史原貌；现状水泥铺地恢复为传统的条石铺地，延续现有街巷尺度，配以两侧建筑体量，共同营造古色古香的传统商业、居住相结合的街道氛围。

·李市大街北广场：为李市大街的入口广场，由南北两个小广场组成，规划拟将广场周边建筑界面打造成为极具传统风貌的历史建筑群体。北广场临水面布置小亭，南广场以建筑山墙围合出狭窄的通道，于人的视线焦点处孤植景观树（可为马尾松或榕树或银杏）一株，增强场所空间的文化韵味和历史沧桑感。

·黄瓜浜滨河景观区：整治清理河道，恢复原有水系格局，形成新的黄瓜浜滨河景区；修缮河道驳岸，两侧整治绿化，以垂柳和小乔木为主，恢复河道环境景观原貌。该地段主要内容为滨水自然景观区域，材质尽量以当地的软质界面为主，通过草木花卉的搭配，营造亲切宜人的景观氛围；通过雕塑小品群的设置来反映历史文化街区深厚的文化底蕴。

·市河古桥景观区：重现昔日"小桥流水人家"的景观特色，根据历史资料推测复原街区内几座古桥，形成南北、东西纵横的古桥景观区。

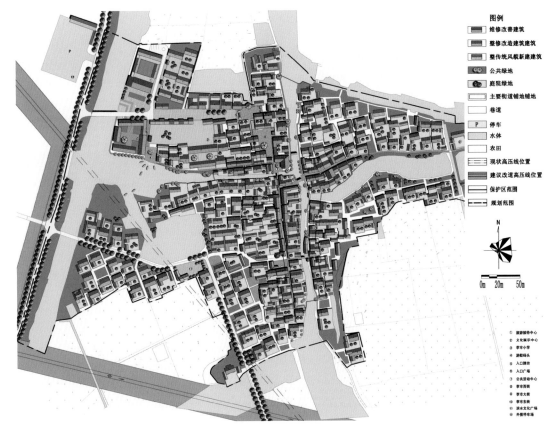

李市历史文化街区规划总平面图

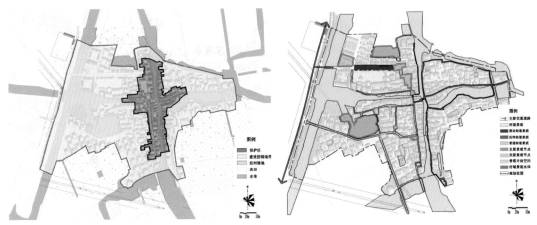

李市历史文化街区保护范围规划图                李市历史文化街区景观分析

### 2）立面整治

· 建筑立面综合评价：根据保护的完整程度，建筑立面可分为四个等级：维修，改善，整修、改造，拆除、重建。

· 整治措施：同铁琴铜剑历史文化街区。

## ■ 四、名胜古迹及古树名木的保护

### 1.名胜古迹保护

#### 1）保护要求

建设工程选址应当尽可能避开不可移动文物；除特殊情况不能避开的，对文物保护单位应当尽可能实施原址保护。

李市大街东立面

实施原址保护的，建设单位应当事先确定保护措施，根据文物保护单位的级别报相应的文物行政部门批准；无法实施原址保护，必须迁移异地保护或者拆除的，应当按法定程序报批。

依照规定拆除的国有不可移动文物中具有收藏价值的壁画、雕塑、建筑构件等，由文物行政部门指定的文物收藏单位收藏。

2）保护内容

保护铁琴铜剑藏书楼、搬迁而来的常熟徽州会馆、瞿启甲墓、刘氏敦厚堂、十八烈士墓等省、市级重点文物保护单位。恢复、保护顾大章墓，保护红豆山庄遗址，未来考虑复建红豆山庄，与已复建的增福寺形成旅游景区。

3）按照《中华人民共和国文物保护法》的要求，对已公布的市级以上文物保护单位分别划定保护范围和建设控制地带。

**2.古树名木的保护**

依据国家有关古树名木的管理规定，加强对现存的古树名木维护与保护，以及周边环境的保护。在危房改造区和新建设区，严禁砍伐树木。对全镇古树名木实行分级保护，设立保护牌，建立档案库，责任到位。重点保护红豆山庄红豆树，要求明确保护范围，争取结合红豆树的保护复建红豆山庄，与已复建的增福寺形成红豆山庄景区。

## ■ 五、非物质历史文化的继承和发展

1.保护规划应加强名人思想研究，通过名人纪念馆、名人传记展示和传承名人文化。

2.重点保护非物质文化遗产白茆山歌和陆瑞英民间故事。建设白茆山歌博物馆，作为白茆山歌的艺术载体，定期举行山歌比赛。加强宣传推广，建立山歌发展基金，激励山歌创作，培养更多更优秀的表演人才。对陆瑞英老人的民间故事进行整理、编辑成文成册，用多媒体方式对陆瑞英老人民间故事加以记录、保存。

3.保护传统歌舞：唱山歌、龙舟赛、扭秧歌、荡湖船、挑花担、踩高跷、打莲湘、打腰鼓、元宵灯会、说宣卷、迎神赛会、解会等。

4.保护传统节庆和地方风俗。对春节、元宵节、二月二、清明节、立夏、端午节、七夕、中秋节、重阳节、腊八、送灶日、小年、除夕等节日进行保护，对央媒、赕小盘、赕大

李市大街沿街东立面现状

現状照片及改造策略

盘、结婚、做满月和报喜、洗三朝、做周岁、做寿、过生日以及报丧、开丧、小殓、大殓、送葬、七期等人生习俗进行保护。

## ■ 六、历史文化遗存的展示与利用

建立广泛的博物馆系列，构筑多方位的历史文化遗产展示体系，重点展示古里历史文化。

### 1.铁琴铜剑楼博物馆

以现有藏书楼为核心扩建，展示铁琴铜剑楼藏书历史和渊源。以新建门厅、轿厅、大厅、后堂楼共同组成常熟民俗风情观光馆。以西轴线、门楼、前仓厅、后仓厅共同组成综合博览馆，用以集中存放、展示、介绍和研究散布于古里镇域范围的出土文物等，并结合历史遗存的展示，组建文化活动中心和少年科普中心。

铁琴铜剑藏书楼扩建可专辟以瞿启甲为代表的瞿氏名人纪念馆，以褒扬瞿氏家族爱国义举。

### 2.红豆山庄

钱谦益、柳如是的名人纪念馆可结合红豆山庄的复建设置，结合现有增福寺，形成红豆山庄风景名胜区，恢复红豆山庄作为"常熟名园"的风采。

庄内可塑造钱谦益、柳如是蜡像，供游人观赏。蜡像旁布置图片文字，陈列有关红豆树、红豆山庄和钱柳姻缘的史料书籍，如陈寅恪的《柳如是别传》、刘燕元的《柳如是诗词评注》、俞友清的《红豆集》等，外加钱柳二人的遗著、书画等，突出景点的历史遗韵。

庄内可结合红豆树的保护，建以"相思"为主题的园林，再从南方移植若干红豆树，种植于山庄周围，构成"此物最相思"的意境，供青年情侣玩赏。

### 3.白茆山歌博物馆

规划在古里镇区铁琴铜剑历史文化街区新建白茆山歌博物馆，作为介绍和研究白茆山歌发展史、进行山歌创作的场所，同时也可结合街区的旅游开发，容纳部分旅游接待功能。山歌队可在博物馆水边、船上或博物馆内台上演唱，汇成既贴近自然又具有浓厚乡土气息的山歌海洋。

编制单位：东南大学城市规划设计研究院

古里 古镇风貌（之一）（常熟市规划局 提供）

古里 古镇风貌（之二）（常熟市规划局 提供）

苏州
古镇
保护规划

太仓
沙溪
中国历史文化名镇（第二批）

沙溪　沙溪之夜（太仓市规划局　提供）

沙溪 雨巷 （太仓市规划局 提供）

沙溪作为江南地区的中国历史文化名镇之一，承载着太仓的悠久历史，其独特的文化生活，既有娄东文化的代表性，又有一定的文化辐射力。沙溪因深厚的文化底蕴、特有的古镇格局而于2000年被确定为"江苏省历史文化名镇"，2005年9月又被国家建设部和文物局批准为第二批"国家历史文化名镇"。

# ■ 一、历史沿革与文化价值

## 1.历史沿革

沙溪旧称沙头，以临江据险而得名。在唐宋时期已形成村落，定名为涂松市。元代末年，百姓因战乱西迁，在沙溪地界定居下来，逐渐形成集镇。明弘治十年（1407年）太仓建州，沙溪始属于太仓州。沙溪镇内的七浦塘横贯东西，明代中叶后成为沟通崇明与苏州一带的主航道，自苏州经水路往来上海崇明一带，沙溪为必经之路，故有"南达娄江、北枕虞山、西凭盐铁、东控大海"之誉。自此，沙溪更是商市繁华、人文荟萃，"官民船舶，来往穿梭，商贾云集，为县境第一闹市"。至民国年间仍为巨镇。

## 2.历史文化特色

### 1）古建筑、河棚、水桥组合的独特风貌

沙溪是因水而生的古镇，经过数百年的融合，形成了集浙江宁绍文化和徽州文化于一体的沙溪临水建筑的绮丽风貌。河棚、水桥则成为七浦塘畔独特的风景。沿戚浦河两岸，古宅民居枕河而建，错落有致，绵延1.5km。与戚浦河平行的以"一河二街"为核心的川字形核心保护范围里，明清建筑和民国建筑居多。

### 2）吴文化和海派文化交融的娄东文化

沙溪镇自古以来地方富饶、人杰地灵，受吴文化影响，好学之风盛行，历史上出过众多文人雅士，如画家凌必正、史学家桑悦、古琴家徐上瀛等。受海派文化影响，沙溪是引进西方文化较早的江南名镇之一，明清时就有一批文人出洋留学。近代名人有新舞蹈发起者吴晓邦、天体物理家龚树模、现代儿童文学作家龚树葵、太阳能专家恭堡，以及"活学活用毛泽东思想"的典型顾阿桃等。

## 3.历史文化价值

### 1）历史价值

沙溪早在唐宋时期就形成了完整的村落，距今已有一千三百多年历史。其后于1035年苏州知府范仲淹大兴水利、开挖戚浦河而日渐兴旺起来，是苏州商贸重镇，镇上居民早在20世纪初就几乎是家家开店、户户经商。境内保存的众多历史古迹以及历史文化遗产体现了底蕴深厚的民族文化。

### 2）文化价值

沙溪雕花厅、曹家祠堂、朱氏民宅等一批古建筑，均显示了沙溪古镇传统建筑的奇丽别致。沙溪的民间文化遗产项目众多，滚灯、利泰高跷、昆曲等传统文艺节目都在国内外的表演中获得好评。沙溪丰厚的物质文化遗产和非物质文化遗产体现了深厚的文化价值，对研究传统江南水乡文化和民俗风情具有极其重要的意义。

## 4.旅游和其他经济价值

沙溪历史文化资源丰厚，保存完好的古街至今仍焕发着勃勃生机，通过更好地与文化旅游产业结合，加强古镇面貌的恢复和宣传，再使其与沙溪所特有的舞蹈、戏曲等民俗文化相结合，使其在保护中新生和发展，形成特有的沙溪品牌，提升文化价值与经济价值。

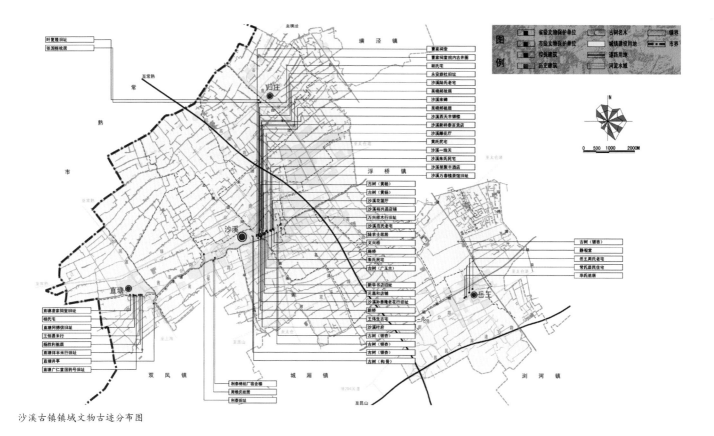

沙溪古镇镇域文物古迹分布图

## ■ 二、镇域历史文化资源保护

### 1.保护范围

整个沙溪镇域，总面积为132.4km²。

### 2.保护内容

整体保护沙溪历史镇区、沙溪历史文化街区和直塘历史文化街区的传统格局、历史风貌和历史环境；挖掘地方文化特色，保护与传承滚灯、高跷、昆曲以及新舞蹈等非物质文化遗产。

### 3.水系保护

重点保护以新、老七浦塘为代表的镇域水系格局。

保护河道的水体质量，严禁向河中排泄未经处理的污水；保护河道两岸的传统建筑，培育沿河绿化，整治沿河景观，体现江南水乡传统风貌和自然风光。

适当疏通河道，保证水上游线的通畅。

### 4.文物古迹保护

保护全镇域13处文物保护单位、14处控制保护单位及20处历史建筑。

### 5.历史环境的保护

重点保护橄榄岛。维护橄榄岛建筑的传统风貌，保护和维修橄榄岛的历史建筑，整治或拆除与传统风貌相冲突的建筑；整治橄榄岛的交通和基础设施，提高环境质量；保护橄榄岛的生态绿化环境。重点保护主要水系河流、古桥古井及名木古树等。

### 6.镇域保护措施

优化城镇产业布局，实现保护和发展的平衡。历史镇区集中发展旅游服务业，第二产业集中向北部工业区迁移，现代化的商贸服务业向南部新镇区迁移。

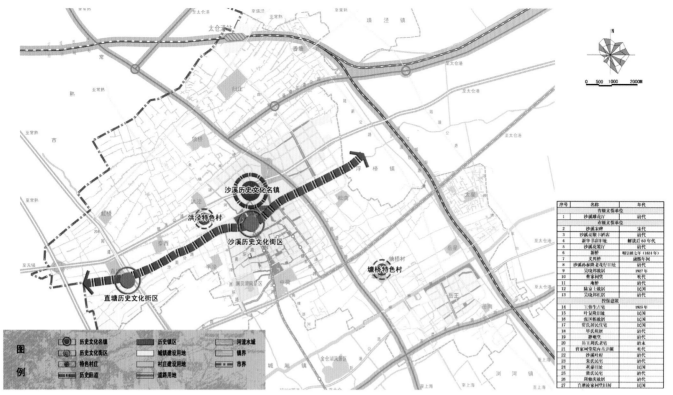

沙溪古镇镇域保护框架

明确历史镇区定位，优化其用地布局；开发新镇区，疏散历史镇区人口和部分产业，逐步搬迁历史镇区的工业和行政办公等。

加快镇域交通网络的构建，分离历史镇区过境交通。

完善镇域水、路旅游交通系统，增建旅游交通服务设施和停车场地。

## ■ 三、历史镇区保护

### 1. 整体保护

#### 1）保护范围

东至镇东路，南至新七浦塘，西至南院路，北至新北路。总面积约为67.30hm²。

#### 2）保护内容

保护历史镇区的整体空间环境，包括古镇街巷格局、整体风貌。

保护"河街相依"的独特空间格局，保护东门街、东市街、中市街、西市街、西门街、太平街等10条传统街巷。

保护历史镇区内各级文物保护单位、历史建筑和控保建筑，保护历史镇区内重要历史环境要素。对文物古迹进行修缮，并对周边环境进行整治。

保护历史镇区内反映历史风貌的传统民居建筑。

保护和改善新、老七浦塘水质，整治沿河景观环境，保护两侧沿河传统民居和生态绿化。

保护当地的非物质文化遗产，继承发扬优秀的地方文化艺术、民间传统工艺和独特的民风、习俗；保护地方特色方言等。

#### 3）功能定位

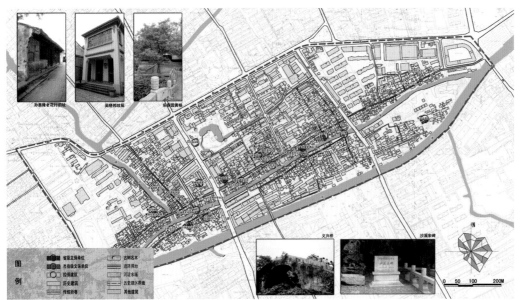

沙溪古镇历史镇区历史文化遗存图

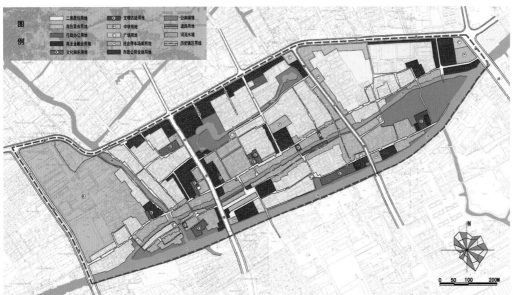

沙溪古镇历史镇区土地利用规划图

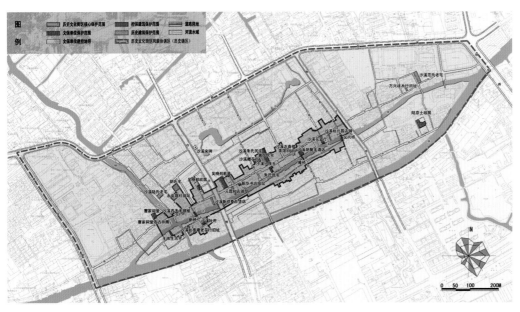

沙溪古镇历史镇区保护规划图

格局独特的水乡古镇,适宜人居的生活城镇,充满活力的旅游新镇。

**4)整体保护策略**

调整功能布局:合理调整历史镇区内用地布局,搬迁历史镇区内工厂、仓库等,改善功能布局,促进历史镇区的有机更新。

保护整体风貌:从保护历史镇区整体空间格局入手,对街巷肌理、景观风貌、建筑高度、水系环境等提出整体控制和保护要求。

整治历史环境:整治历史环境,完善基础设施,优化人居环境,展示历史镇区的整体形象和空间特色;加强对古镇水系的保护,历史河道采取整体保护、局部恢复、整治环境、有效利用等方式。

优化交通模式:优化整个镇区综合交通,加快城市道路建设。

**2.保护要求**

**1)传统空间格局的保护**

(1)保护内容

"一岛两河两街"的历史镇区空间格局。

(2)保护要求

对10条古街巷进行环境整治,保护和保持古街巷的传统铺装、线形、网络形态、空间尺度和景观风貌。在现有基础上梳理历史镇区街巷系统。

保护并完善历史镇区内的河道水系,保持七浦塘两侧路河空间关系,保持橄榄岛现有空间格局和滨水岸线轮廓,控制水巷两岸建筑檐口高度,使沿河建筑高度与河面宽度保持适当的尺度比例。在不破坏文物建筑与历史环境的情况下,恢复七浦塘上的部分原有古桥,再现小桥流水人家的人居环境形象。恢复"戚浦听潮""天泉望月""松墩鹤唳""虹桥夕照"景点,再现"沙溪古八景"意象。

**2)水系保护与恢复**

(1)保护内容

新七浦塘、老七浦塘、横沥河、跃进河。

(2)保护要求

保护历史镇区内原有水系,恢复横沥河南段古时河道,使之与新七浦塘相接,恢复其上的太平桥。

改善沿河民居的市政配套设施,严禁污水排入河道,保持河道水体的清洁卫生;疏浚、整治河道,整修古桥、驳岸,加深河床,适当拓宽局部过窄处的河道宽度,开辟水上游览系统。

**3)景观风貌保护与整治**

(1)空间景观的保护与整治

保护东门街、东市街、中市街、西市街、西门街、太平街、河南街、北弄、南弄、邱家弄等10条传统街巷,保持传统街巷原有空间尺度不变,不得随意拓宽街巷。保护两侧传统建筑,保持原有建筑高度和体量,需维修的传统建筑应当保持原状风貌,采用传统工艺并按原样修复。重点整治与传统风貌不协调的一般建筑,按传统风貌和建筑样式进行改造或更新。

保护新七浦塘、老七浦塘、横沥河以及跃进河。保护河道两侧历史建筑和滨水空间,保持河道两侧错落有致的建筑轮廓。保护河道两侧古驳岸、河埠头、码头的形式及其多样性。保护水体水质环境,禁止向水体直接排污。近期重点整治老七浦塘与横沥河两侧与历史风貌不协调的一般建筑与环境,整治重在控制其建筑高度与风貌。屋顶形式为双坡,建筑控高1~2层,一层建筑檐口控高3m,二层建筑檐口控高6m,总高度不超过9m。建筑色彩以黑、白及冷灰色系为主色调。对任何不符合上述要求的现状建筑，部分影响风貌者改造其外观形式和建筑色彩，严重影响风貌者予以更新或拆除。

保护新桥、庵桥、义兴桥等现有桥梁的桥头开放空间，整治桥梁周边建筑风貌，桥堍部分增加铺地和休憩设施，恢复太平桥及其桥头空间；规划橄榄岛公园西入口广场、乐荫园东入口广场、历史镇区东入口广场、南弄集散广场、高真堂文化广场、雷家弄广场、横沥河口广场等7处广场空间，根据广场周边建筑环境确定其尺度及开放程度，并用地方石材铺砌广场，保留古树，增加景观乔木和休憩设施，整治周边建筑风貌；保护曹家祠堂内的井台空间和井圈，强化井台铺地，加强绿化，增加休憩设施。恢复天泉弄口的水井和井台，在周边增加开敞空间，并提供休憩设施。

保护沿主要传统街巷、河道的景观，整治两侧建筑。加强橄榄岛东西洲头景观风貌整治，以绿化开敞空间为主，使洲头开放空间与主要河街风貌形成良好的景观视廊。

（2）视线通廊的保护

确定三条视线通廊：沙溪老花行—新桥—乐荫园、乐荫园—沙溪一线天及雕花厅、橄榄岛公园—老七浦塘。

（3）建筑风貌的保护与整治

通过传统江南民居建筑与街巷、院落空间组合，共同体现沙溪传统建筑风貌与地方建筑文化。拆除不协调的建筑，以传统建筑材料更换不协调的墙面、屋面和门窗，将平屋面建筑进行"平改坡"。

对沙溪历史镇区内的建筑单体提出修缮、修复、改造、拆除、更新5种保护与整治模式。

（4）环境设施的保护与整治

严格控制历史镇区内招牌、指示牌、路灯、公用电话、果皮箱等环境设施，规划要求设施必须从形式、色彩、风格等方面符合历史风貌的特征。

**4）高度控制**

文保单位和控保建筑的保护范围内，文保单位和控保建筑的本体维持原有高度；不容许在建设控制地带内建设高于文物建筑和控保建筑的建构筑物，现状存在的应予以降层或拆除。

历史文化街区保护范围内建筑控高二层，建筑檐口高度不超过6m；若高度超过6m，且对文物保护单位风貌造成重大影响的建筑应视实际情况予以降层或拆除。

严格控制东门街、东市街、中市街、西市街、西门街、太平街、河南街、北弄、南弄、邱家弄等10条古街巷两侧的建筑高度，保持街巷两侧错落有致的建筑轮廓。

视线廊道50m宽度范围内建筑檐口高度不超过6m。

其他区域建筑高度控制在檐口高度15m以下。

# ■ 四、历史文化街区保护

## 1.保护范围

### 1）沙溪历史文化街区保护范围

沿老七浦塘和西市街、中市街向南北两侧延展，主要包括沿河、沿街两侧的建筑和院落，覆盖了沙溪历史镇区内绝大部分的文保单位、控保建筑和历史建筑。总面积为7.53hm²。

### 2）直塘历史文化街区保护范围

七浦塘以北，镇中街、安里街为中心向两侧延伸范围，总面积4.23hm²。划定东到直塘桥、直水路；南至金叶路、周泾和南西街、老屋浜一线；西至安里桥、老屋浜；北至更楼

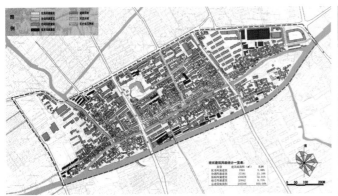

沙溪古镇历史镇区现状建筑风貌分析图

沙溪古镇历史镇区现状建筑质量分析图

沙溪古镇历史镇区现状建筑高度分析图

沙溪古镇历史镇区现状建筑年代分析图

路、光明路，总面积15.92hm²为历史文化街区的建设控制地带。

**2.功能定位**

**1）沙溪历史文化街区**

强化文化和旅游功能，成为全镇主要的文化旅游街区。

**2）直塘历史文化街区**

沙溪历史文化名镇的组成部分，充分展示街区优秀的水乡文化特色。

**3.保护内容**

1）保护沙溪历史文化街区独特的河街相间、河路平行的"一河两街"和直塘历史文化街区独特的河街并行的空间格局和历史风貌，保持河、街、建筑的空间关系。

2）重点保护街区内的省级文物保护单位、市级文物保护单位、历史建筑和古构筑物。

3）保护与街区历史风貌有密切关系的河道、驳岸、街巷、民居、寺观、古桥、古井、古树等历史环境要素。

4）保护街区内居民的传统生活方式和良好的传统习俗。

**4.保护措施**

1）强化文化和旅游功能，适当置换出一部分居住功能，疏解街区人口；搬迁影响街区传统风貌的工厂、农贸市场等；根据沙溪的传统文化和文化名人，增加与之相关的文化设施、与旅游服务配套的休闲设施、商业设施与娱乐设施等。

2）整体保护历史文化街区传统空间格局，维持街区的空间肌理、街巷比例和建筑布局；严格保持传统街巷的历史原状，禁止改变传统街巷的宽度、走向；保持河、街、建筑的空间关系，不得随意拆除或改建沿街、沿河建筑，不得随意填埋、拓宽河道。

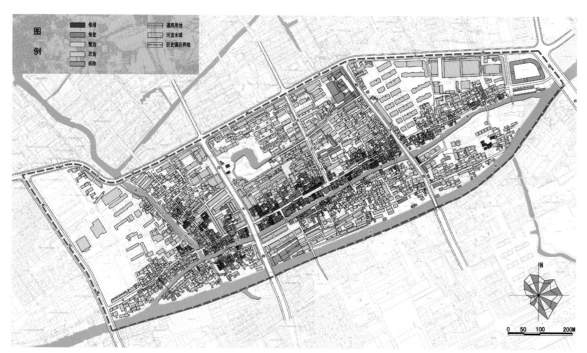

沙溪古镇历史镇区建筑整治规划图

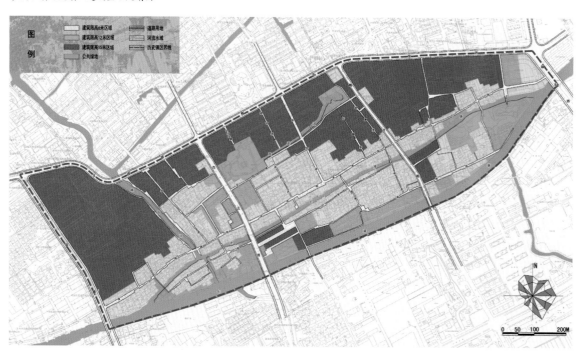

沙溪古镇历史镇区高度控制规划图

3）保护、延续街区的整体风貌，全面系统反映街区的历史遗存和文化内涵，体现沙溪的传统特色和地方特色。

4）加强历史文化街区的历史环境要素的保护与整治，保护古桥古井、古树名木、路面铺装；沿街广告招牌等设置应满足传统风貌的要求。

5）改善历史文化街区的水、电、电信等市政设施，为提高街区整体环境质量提供基础；市政设施管线宜统一埋地敷设；当市政设施和市政管线按常规设置与文物古迹、历史建筑及历史环境的保护发生矛盾时，应在满足保护要求的前提下采取工程技术措施加以解决。

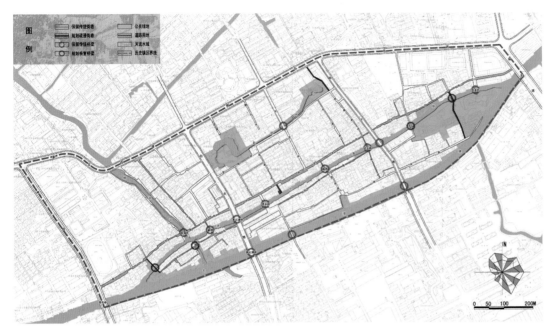

沙溪古镇历史街巷保护规划图

# 五、历史遗存保护

## 1.文物保护单位保护

### 1）保护内容

1处省级文物保护单位，12处市（县）级文物保护单位。

### 沙溪古镇文物保护单位一览表

| 名称 | 地址 | 年代 | 级别 | 保护范围 | 建设控制地带 |
|---|---|---|---|---|---|
| 沙溪雕花厅 | 中市街60号 | 清代 | 省级 | 主体建筑及其西侧承德堂。东至雕花厅东山墙，南至雕花厅南庭院(含庭院)，西至承德堂西山墙，北至雕花厅后廊 | 东至长寿路，南至老七浦塘，西至保护范围外3m，北至乐园路 |
| 曹家祠堂 | 西门街53号 | 明代 | 市县级 | 建筑本体 | 同保护范围 |
| 吴晓邦故居 | 西市街，东距白云路20米 | 1927年 | 市县级 | 建筑本体 | 东、南、西至故居围墙，北至清代二层楼房 |
| 吴晓邦祖居 | 中市街118-120号 | 清代 | 市县级 | 建筑本体 | 同保护范围 |
| 沙溪孙泰隆老花行 | 太平街50号 | 清代 | 市县级 | 建筑本体 | 东、西同保护范围，南至花行码头(含码头)，北至太平(含街) |
| 新华书店 | 中市街97号 | 20世纪60年代 | 市县级 | 建筑本体 | 东、西同保护范围，南至七浦塘(不含)，北至中市街(含街) |
| 沙溪胡聚丰酒店 | 东市街87、89号 | 清代 | 市县级 | 建筑本体 | 东、西同保护范围，南至七浦塘(不含)，北至东市街(含街) |
| 沙溪花篮厅 | 东市街51号 | 清代 | 市县级 | 建筑本体 | 东、西同保护范围，南至七浦塘(不含)，北至东市街(含街) |
| 新桥 | 太平街34号东侧 | 明崇祯七年(1634年) | 市县级 | 本体及本体向四周延伸3m | 同保护范围 |
| 庵桥 | 东市街89号西侧 | 清代 | 市县级 | 桥体本体、古桥门洞及项门弄 | 东至东市街67号，南至河南街(不含街)，西至中市街43-1号(含43-1号)，北至东市街(含街) |
| 义兴桥 | 高真堂弄与新弄接老七浦 | 康熙年间 | 市县级 | 本体及本体向四周延伸3m | 同保护范围 |
| 陆京士故居 | 南弄街116-2号 | 民国 | 市县级 | 清代古宅及民国住宅 | 东西南北至围墙(含围墙) |
| 沙溪宋碑 | 乐荫园内 | 宋代 | 市县级 | 本体四周至石栏 | 保护范围外5m |

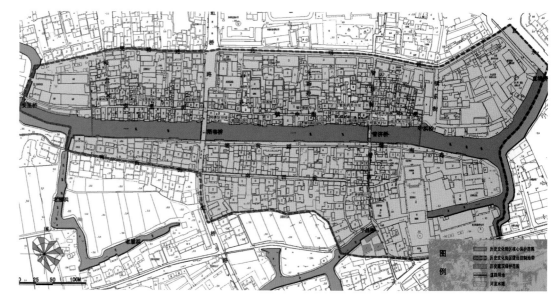

直塘历史文化街区保护范围图

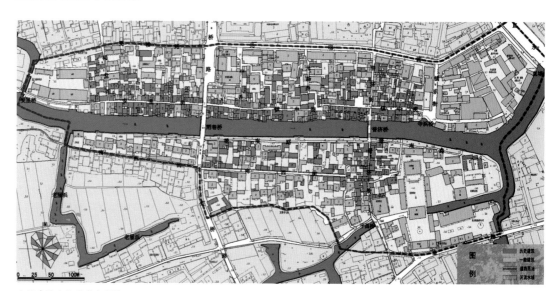

直塘建筑文化遗存分布图

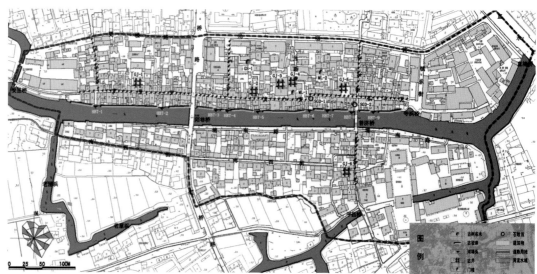

直塘其他历史文化遗存分布图

### 2）保护要求

保护范围：不允许改变文物的原有状况、面貌及环境。

建设控制地带：应控制为防火绿化带或传统形式的建筑，建筑控高2层，檐口高度不超过6m。区内凡保留的传统民居建筑应加强修复，无需保留的建筑应逐步拆除，新建建筑色彩应采取黑、白、灰、原木色等传统建筑色彩；建筑布局形式宜为院落式格局；门、窗、墙体、屋顶及其他细部宜体现传统建筑特色。

## 2.控制保护单位保护

**沙溪古镇控制保护单位**

| 名称 | 年代 | 地点 | 保护范围 |
|---|---|---|---|
| 沙溪叶府 | 清代 | 太平街10号 | 建筑本体 |
| 王伟生古宅 | 民国 | 太平街66号 | 建筑本体 |
| 朱氏民居 | 清代 | 中市街43-1号 | 建筑本体 |
| 曹家祠堂院内古井圈 | 明代 | 西市街53号 | 井圈本体 |
| 黄氏民宅 | 清代 | 中市街38号 | 建筑本体 |
| 利泰 | 民国 | 沙溪利泰厂 | 老利泰门楼、六角楼、码头本体 |
| 周修庆故居 | 清代 | 半泾村6组23号 | 建筑本体 |
| 直塘凌家祠堂旧居 | 民国 | 直塘社区安里街67、84、86号 | 建筑本体 |
| 静观堂 | 清代 | 岳王社区众兴街19号 | 建筑本体 |
| 毕氏祖居 | 清代 | 岳王社区西街140号 | 建筑本体 |
| 常氏居民住宅 | 民国 | 岳王社区西街138号 | 建筑本体 |
| 岳王周氏老宅 | 清末 | 岳王社区西街66号 | 建筑本体 |
| 张国栋故居 | 民国 | 归庄社区花园街42号 | 建筑本体 |
| 叶复隆 | 民国 | 归庄社区玄恭街45号 | 建筑本体 |

注：表中控制保护建筑名称及地址为强制性内容。

## 3.历史建筑保护

**沙溪古镇历史建筑**

| 单位 | 年代 | 地点 | 单位 | 年代 | 地点 |
|---|---|---|---|---|---|
| 沙溪西天丰银楼 | 民国 | 西市街88号 | 沙溪朱氏民宅 | 清代 | 中市街40号 |
| 元昌和店铺 | 清代 | 中市街119号 | 利泰棉纺厂宿舍楼 | 民国 | 经济村 |
| 沙溪裕兴昌店铺 | 清中期 | 东市街33号 | 王恒昌米行 | 民国 | 直塘社区镇中街19号 |
| 沙溪一线天 | 清代 | 中市街40号与46号之间 | 直塘同德信 | 民国 | 直塘社区镇中街133、135号 |
| 沙溪万春楼茶馆 | 民国 | 东市街97号 | | | |
| 万兴祥木行 | 1930年 | 东门街39号 | 直塘广仁堂国药号 | 民国 | 直塘社区中街48、50、58号 |
| 沙溪陆氏老宅 | 清后期 | 西市街134号 | | | |
| 沙溪新祥泰百货店 | 清末 | 西市街41号 | 杨胜利祖居 | 民国 | 直塘社区镇中街13、15、17号 |
| 沙溪范氏老宅 | 清后期 | 东门街22号 | 直塘祥丰米行 | 民国 | 直塘社区中街9号 |
| 永安旅社 | 1930年 | 西市街122号 | 直塘井亭 | 清代 | 直塘社区沙南路凌家桥 |
| 胡氏宅 | 清代 | 西市街130号 | 杨氏宅 | 清代 | 直塘社区中街154号 |

注：表中历史建筑名称及地址为强制性内容。

## 4.历史环境保护

### 1）桥梁、码头

保护义兴桥、庵桥、廊桥、新桥4座古桥梁，坚持"整旧如故，以存其真"的修缮原则；整治现状与街区风貌不协调的四清桥，包括不符合风貌要求的材料、栏杆样式、市政管线等；恢复原有古桥太平桥。

结合街区整治，恢复新桥、太平桥等原有桥头开放空间，形成重要的景观节点。修复的

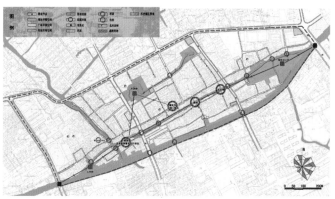

沙溪古镇空间景观规划图

沙溪古镇道路交通规划图

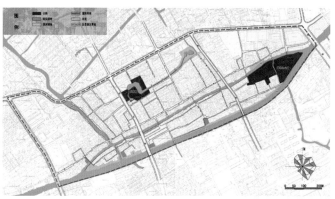

沙溪古镇绿地系统规划图

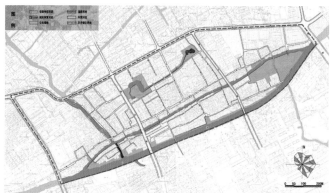

沙溪古镇传统河道保护规划图

桥梁要按照原有式样，使用旧石材。

保护老七浦塘两岸的老码头、河埠头，在修缮和恢复老码头、河埠头时应注意保持其多样性。

**2）古井**

结合曹家祠堂的修缮，整治祠堂内古井；结合太平街街道空间的维修，整治太平街水井，形成景观节点。保护原有井圈，强化井台铺地，加强绿化，增加休憩设施。

**3）古树名木**

严格保护镇域登记的9株古树名木，不得砍伐。

## 六、非物质文化遗产保护

### 1.保护内容

保护沙溪镇各类、各级非物质文化遗产，其中收入太仓市非物质文化遗产代表作名录的有4个保护项目，其中江苏省级项目1项，苏州市级项目1项，太仓市级项目2项。

### 2.保护措施

进一步深入开展非物质文化遗产普查工作，摸清沙溪非物质文化遗产的现状，进行真实、系统、全面的记录，建立档案和数据库。

保护、培养非物质文化遗产的传承人，定期举办非物质文化遗产节庆和竞赛活动，如滚灯比赛、高跷比赛、舞蹈比赛等，增强非物质文化遗产的影响力。

积极继承和利用非物质文化遗产，使其适应现代发展的需要，与本地居民生活和游客活动结合，开发非物质文化遗产为主要内容的旅游活动。结合历史镇区的整治，对沿传统街巷建筑进行功能置换，布置江南丝竹、昆曲表演场所，滚灯、利泰高跷博物馆和展览馆，吴晓邦、凌必正纪念馆，鼎盛祥猪油米花糖商铺，为传统文化提供适宜的空间，增强非物质文化遗产的生命力。

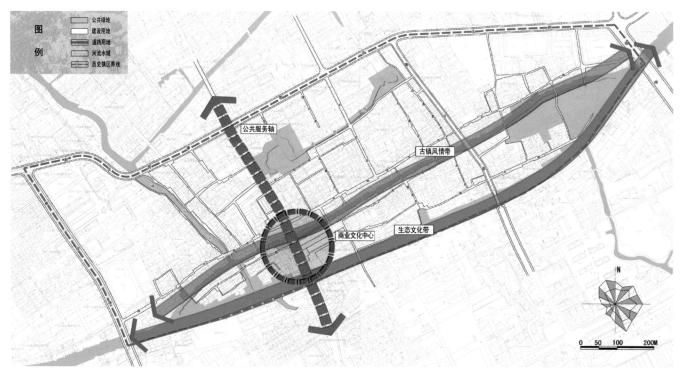

图
例
　公共绿地
　建设用地
　道路用地
　河流水域
　历史镇区界线

公共服务轴

古镇风情带

商业文化中心　生态文化带

N

0　50　100　　200M

*沙溪古镇历史镇区规划结构图*

# 七、历史文化资源利用

### 1.建筑遗存的利用

结合沙溪旅游发展，改善各文保单位、控保建筑和历史建筑的质量，对其进行功能的置换，根据各自历史功能和历史典故，将其打造成为公共空间，建立起以博物馆、展览馆、纪念馆和小型剧院等为主的文化展示空间体系。

对于其他的传统建筑和民居，可考虑以前商后宅、家庭作坊、家庭旅馆等形式进行保护利用。同时，结合建筑改造，增加餐饮设施、剧院表演场所开辟传统戏曲、舞蹈表演平台，为传统文化提供适宜的展示传承空间。

### 2.历史典故的挖掘

充分挖掘历史文化资源，在历史镇区适当恢复历史景点，作为现有历史遗存的补充，提升历史镇区的历史价值，增加历史镇区的观赏性，为更好地发展旅游业打下基础。

### 3.文化传统的传承与宣扬

利用沙溪现存众多的文化传统、表演艺术，开展多种文化推广活动。举办与沙溪历史文化相关的滚灯、高跷、新舞蹈、江南丝竹等竞赛和节庆等文化活动，结合沙溪历史镇区旅游，加强对外宣传，增强沙溪历史文化的影响力，达到文化事业和旅游发展的互动。

### 4.产业发展与特色旅游结合

依托历史资源，合理发展旅游产业、文化产业和传统手工业。挖掘非物质文化遗存的资源，开发特色纪念品、手工艺品和特色美食等。在历史街区内恢复以销售特色纪念品、手工艺品和特色美食为主的老字号，依靠旅游带动文化产业和传统手工业的发展。

编制单位：江苏省城市规划设计研究院

沙溪 水乡轻舟（太仓市规划局 提供）

沙溪 飞虹卧波（太仓市规划局 提供）

苏州
古镇
保护规划

昆山

中国历史文化名镇（第一批）

周庄

周庄　水乡雪景（昆山市规划局　提供）

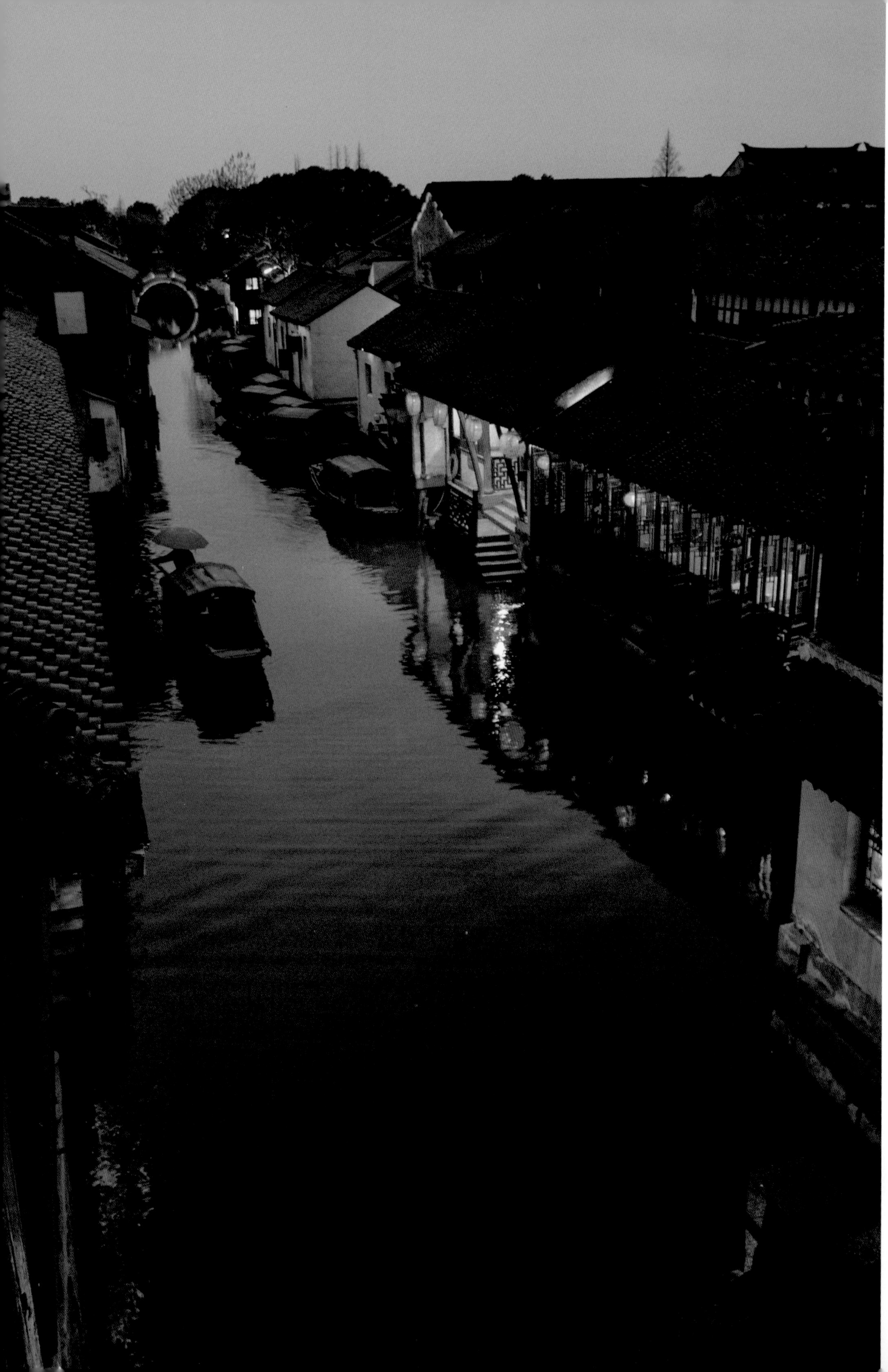

周庄　河畔夜色（唐凤元　摄影）

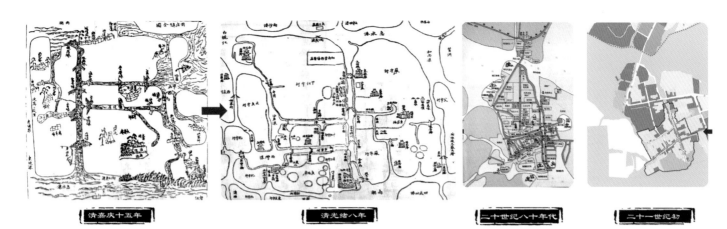

清嘉庆十五年　　　清光绪八年　　　二十世纪八十年代　　　二十一世纪初

周庄古镇历史沿革图

周庄古镇历史悠久，人文鼎盛，古迹众多，是中国首批十大历史文化名镇，也是国家首批5A级旅游景区，具有"中国第一水乡"的美誉。

# 一、历史沿革与价值

### 1.历史沿革

远在五六千年以前，周庄境内已经有人类活动的踪迹。北宋元　元年，在此经农设庄的周迪功郎捐田舍屋建全福寺，此地命名为周庄，是为集镇雏形。元朝中叶，江南富豪沈万三之父沈佑，由湖州南浔迁徙至周庄，繁荣顿增，形成南北市河两岸古代集镇。明初始称周庄镇，此后镇域扩大，向西发展至后港街福洪桥和中市街普庆桥一带，并迁肆于后港街。清代，西栅一带渐成市肆，商业中心又从后港街迁至中市街，周庄已衍为江南大镇。

### 2.周庄特色

#### 1）自然特色

周庄镇地处太湖流域冲积平原东部，属太湖水网地区中的湖荡平原，陆地因受河港分割，大都呈岛状或半岛状。镇域周围湖荡环列，境内河港纵横，是典型的"江南水乡"。

#### 2）空间特色

周庄历史镇区内河港交叉，构成"井"字形骨架。临水成街，因水成路，依水筑屋，前街后河，水、路、桥、屋融为一体。古镇内的传统民居依街或依河排列，有序形成街巷、水巷。

#### 3）建筑特色

周庄古镇的传统民居多以户主身份定型，层次差异明显，基本分为三类。巨贾官绅宅第，深宅大院，前厅后堂，雕梁画栋，石库门楼，幽深备弄，气魄豪华；富商宅第，前店后宅，三四间门面，三四进住宅，紧凑有序，装饰略次；一般民居，前店后宅，一两间门面，或小门小宅，或枕河为居，因地制宜。

#### 4）传统文化特色

周庄方便的生活条件、幽静的居住环境，使其成为官宦隐退、富贾置产、文人雅居之地，因而人文荟萃、文化兴盛，众多著名的文人墨客如张翰、叶楚伧、王大觉等，在古镇内留下了丰富的人文景观和名宅名园。

周庄居民生活富实恬淡，民俗风情多姿多彩，千百年来世代相传。有许多民间节庆活动，如舞龙灯、划灯船、打田财。传统食品有万山蹄、三味圆、莼菜鲈鱼羹、白蚬汤等，构成独特风味的饮食文化。

### 3.周庄价值

#### 1）历史价值

周庄因为少战乱、罕荒灾，在整个城镇发展史中呈现比较完整的连续性，而经济、文化

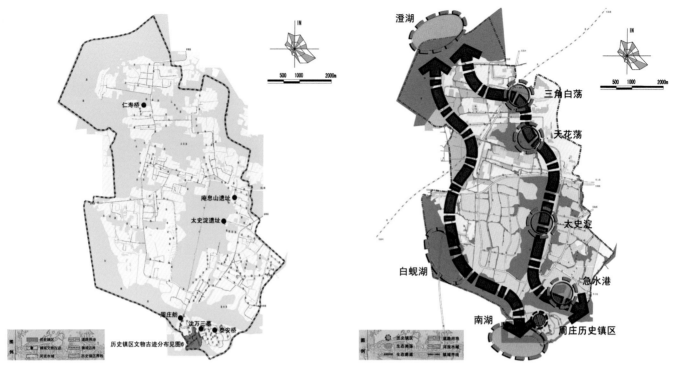

周庄古镇镇域文物古迹分布图　　　　　　　　　周庄古镇镇域历史文化保护框架图

上都处于全国前列，最直接地反映了江南地区各历史时期人类的生活状况、经济体制、生产力、生产关系等社会状况，以及传统哲学思想、道德伦理观念等深层次的文化内涵，具有较高的历史价值。

2）城镇规划与建筑价值

周庄古镇建设中所体现的人与环境的高度和谐，是人们在不断地与自然、与社会相互融合、相互协调的基础上逐步形成和成熟的，并达到较高水平，在中国城镇规划与建筑艺术史上具有重要价值。

3）社会与经济价值

周庄以水成市，以水兴镇，带动周围农村经济发展，成为苏州农村手工业中心和商品集散中心，发挥着城市与农村之间的纽带作用，在中国经济文化发展中有非常重要的作用。以周庄为代表的江南水乡城镇在13世纪以后，成为中国经济最为活跃的地区之一，尤其在经济封闭的封建体制中出现了自由灵活的市镇网络和经济体系，对中国近代经济的发展产生了积极的影响。

4）地域文化价值

周庄虽历经千年，仍保存了完好的市镇格局与传统风貌，古镇中保留着大量的古建筑、古街巷、古桥、驳岸等，体现了原汁原味的江南水乡风貌；古镇民风淳朴，依然保持着富有特色的民俗文化，在水乡风情中透出浓厚的文化底蕴，充分体现了自然、艺术和哲学的完美结合，很好地展示了江南水乡地域文化的独特性。

# ■ 二、镇域历史文化资源保护

## 1.保护内容

保护周庄镇域的生态景观和与历史镇区关系紧密的自然环境基底，主要是周庄境内水陆交错、湖荡密布的自然田园风光。

保护周庄镇域16处文物保护单位、2处控制保护建筑、80处历史建筑、3处地下文物埋藏区，以及传统街巷、传统河道、古桥、古井、古树名木等历史环境要素。

挖掘周庄地方与传统文化特色，保护与传承昆曲、周庄打连厢、周庄荡湖歌、舞狮等众多优秀的非物质文化遗产，为非物质文化遗产提供文化空间。

### 2. 保护措施

保护镇域范围内与历史文化名镇保护密切相关的田园风光和乡土风貌，保护历史镇区周边的自然环境，严格控制历史镇区周边土地的城镇建设；保持周庄古镇与上海、苏州、昆山等联系路径沿线的乡土风貌，保持周庄与千灯、锦溪等其他古镇的水上联系通道的畅通与两岸的田园风光。

保护周庄历史镇区和历史文化遗存赖以存在的自然环境。重点保护澄湖、白蚬湖、南湖、三角白荡、天花荡、太史淀和急水港7处水体。不得随意开挖填埋，并持续改善水质；保护水体周边的绿化生态环境，控制滨湖、滨水地带的建设与开发。

疏解历史镇区旅游压力，扩展周庄镇域旅游空间，优化用地布局。

合理构建镇域交通网络，完善镇域水、路旅游交通系统，提供多种交通和游览方式。

## 三、历史镇区保护

周庄历史镇区东至银子浜、箸泾河一带，南至南湖北岸，西至油车漾、西市河，北至"贞丰泽国"牌坊、钵亭池至全功桥，面积约24.00hm²。

### 1. 历史镇区现状

历史镇区为白蚬湖、急水港、南湖所包围，"镇为泽国，四面环水"。镇区内河港交叉，南北市河、西市河、后港、中市河等4条河道构成井字形水网。区内临水成街，依水筑屋，前街后河，水、路、桥、屋融为一体。传统民居依街或依河排列，有序地形成街巷、水巷，最终形成井字形空间结构。

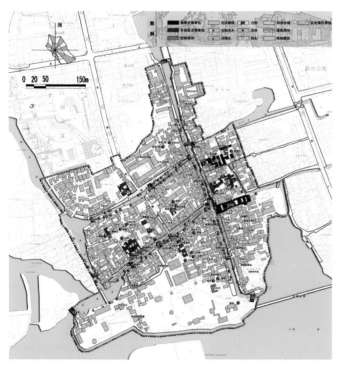

周庄古镇历史镇区现状历史遗存图

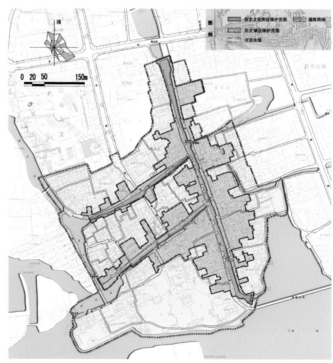

周庄古镇历史镇区保护规划图

## 2.功能定位

保持历史镇区传统居住功能，提升现有旅游服务功能，发展文化功能，形成传统文化展示区、水乡风情体验区、活力旅游发展区。

## 3.空间格局与风貌保护

### 1）整体空间格局保护

整体保护周庄历史镇区独特的空间格局，保护构成空间格局的传统河道、路网格局、特色空间界面、特色节点、传统建筑及古桥、古码头等其他历史环境要素。重点保护南北市河、西市河、后港、中市河等4条河道构成的井字形水网；保护和保持传统街巷的线形、空间尺度、传统铺装和景观风貌，不得随意改变传统街巷的走向和宽度；保持河道两侧河、路、房的空间关系，不得改变原有尺度比例。

### 2）空间景观保护

（1）街巷空间保护保护对象

重点保护历史镇区内的9条传统街巷。保持传统街巷现有空间尺度和走向不变。修复两侧传统建筑，保持原有建筑高度和体量，采用传统工艺，按原样修复。重点整治与传统风貌不协调的一般建筑，按传统风貌和建筑样式进行改造或更新。

（2）河道空间保护

重点保护历史镇区内的7条河流。保护河道两侧文物古迹、传统建筑和滨水空间，保持河道两侧错落有致的建筑轮廓。保护河道两侧古驳岸、河埠头、码头的形式。保护水体环境，改善水质。禁止向水体直接排污。

（3）节点空间保护

桥头开放空间：重点保护15座现有桥梁的桥头开放空间，整治桥梁周边建筑风貌，桥堍部分可适当增加绿化、铺地和休憩设施。规划在银子浜、张厅河上各新增桥梁1处，布置桥头空间。

绿地广场开放空间：规划16处绿地广场开放空间，根据绿地广场周边空间环境确定其尺度及开放程度，并用地方传统材料铺砌地面，保留古树，增加特色景观植物，增加休憩设施，整治周边建筑风貌。

### 3）历史风貌保护

保护周庄"小桥、流水、人家"、粉墙黛瓦的历史风貌，主要应保护构成历史镇区风貌基底的众多文物古迹、历史建筑等。历史镇区内建筑不得随意改变现有高度和体量，屋顶形式应采用坡屋顶，建筑的色彩应以传统的白色和黑色为主色调，保持粉墙黛瓦的历史风貌。对与历史风貌不协调的建筑，以传统建筑材料更换不协调的墙面、屋面和门窗，将平屋面建筑进行"平改坡"。

### 4）高度控制

文物保护单位、控保建筑的保护范围内，文物保护单位、控保建筑的建筑本体维持原有高度，不容许在其建设控制地带内新建或改建高于最低文物保护单位、控保建筑的建构筑物。

历史镇区保护范围内，历史建筑和传统建筑应保持原状高度，新建建筑一层建筑檐口高度不超过2.7m，二层建筑檐口高度不超过5.4m，且屋顶坡度不应超出25°～30°。若高度超过5.4m，且对历史镇区的整体空间格局和传统风貌造成不良影响的建筑应视实际情况予以降层或拆除。

## 4.外围地区协调

历史镇区周边有必要留有一定的缓冲地带，其建筑风貌、高度、体量应与历史镇区内的整体空间尺度与风貌相协调，建筑应为小体量的低层建筑，屋顶形式应采用坡屋顶，建筑的色彩应以传统的白色和黑色为主色。不得随意破坏缓冲地带内的自然环境，不得随意改变河流、水系的走向和宽度。

### 5. 建筑保护与整治

#### 1）现存建筑分析

历史镇区内以质量一般和良好建筑为主，所占比例达90%。

历史镇区内大部分建筑风貌较好，具有传统江南水乡民居聚集区的形象特征。

#### 2）建筑保护与整治措施

对历史镇区范围内的建筑物、构筑物进行分类保护。其中针对传统建筑的保护措施包括保护与修缮、修复、整治与更新，针对非传统建筑的保护措施包括改造、改建或重建、维护、拆除。

### 6. 用地调整

#### 1）调整措施

优化历史镇区用地结构，加强生活配套设施的建设，提高居住环境与质量。

周庄古镇历史镇区现存建筑质量分析图

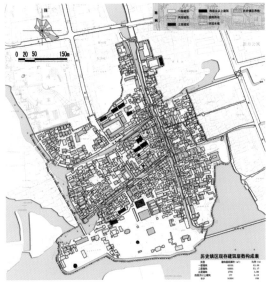

周庄古镇历史镇区现存建筑层数分析图

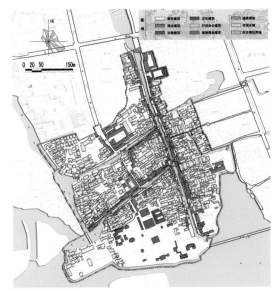

周庄古镇历史镇区现存建筑历史功能分析图

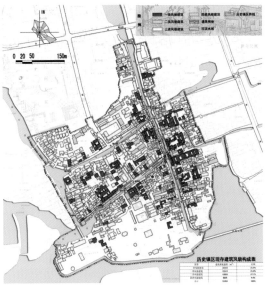

周庄古镇历史镇区现存建筑风貌分析图

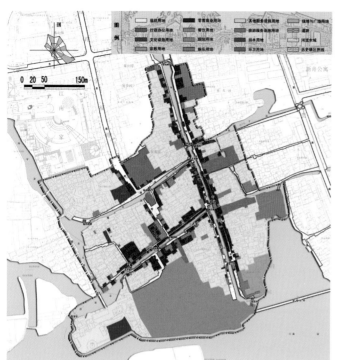

周庄古镇历史镇区土地利用现状图

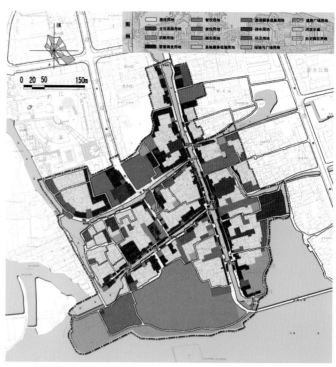

周庄古镇历史镇区土地利用规划图

### 周庄历史镇区现状建筑整治构成表

| 类型 | 保护与修缮 | 修复 | 整治与更新 | 维护 | 改造 | 改建或重建 | 拆除 | 合计 |
|---|---|---|---|---|---|---|---|---|
| 建筑基底面积（m²） | 10875 | 11290 | 17362 | 16483 | 22175 | 7502 | 6207 | 91894 |
| 比例 | 11.8% | 12.3% | 18.9% | 17.9% | 24.1% | 8.2% | 6.8% | 100% |

凸显历史镇区文化、旅游功能，增加文化设施和休闲娱乐设施用地，加强公共服务和旅游服务设施的建设，提升历史镇区的功能和活力。

加强历史镇区内绿地广场以及沿南湖绿地的建设，见缝插针，适当增加开敞空间，完善公共空间，优化历史镇区的绿化和景观。

恢复部分文物古迹、历史建筑原有使用功能，如园林、老字号、茶楼等。鼓励居住功能的文物古迹、历史建筑等发展文化展示、旅游休闲功能。

**2）用地布局**

**（1）居住用地**

后港街、贞丰弄、南湖街、北市街、南市街为主要的传统民居聚集区，以传统建筑的修缮和一般建筑的改造为主，改善居住环境、完善公用设施，提高居民生活质量。

**（2）公共管理与公共服务用地**

通过街巷整治，充分利用历史镇区内部文物古迹和历史建筑，恢复其历史功能或将居住功能转换为公共服务功能。规划将朱家屋、玉燕堂、自得庐、沈家弄陈宅、南湖街吴宅、南湖街徐家屋、褚家等置换为旅游服务和文化展示用地。

**（3）商业服务业用地**

商业设施宜沿主要街巷布置；休闲设施、茶室餐饮和家庭旅馆可向街区内部延伸；表演场所可独立布置，也可结合休闲设施和餐厅一起布置。

**（4）绿地广场用地**

沿南湖形成连续的滨水绿带，在历史镇区西南端用地新建聚宝公园一处，并结合游船码头等旅游服务设施共同布置。拆除部分位于历史镇区内街巷转角和滨水地段，年代较新，质量、风貌较差的建筑，利用街角、桥头空间，形成小巧精致的绿地广场。

（5）公用设施用地

废除历史镇区南部的污水处理厂，改为污水泵站。原用地改为旅游服务设施用地。

### 7. 业态引导

目前历史镇区内商铺主要沿南北市街、中市街、蚬江街、南湖街、西湾街分布，福洪街、后港街也有部分商铺。总体而言，商铺在地域分布上仍处于相对无序混乱的状态。

蚬江路、北市街和南市街两侧适当减少特色零售商业，增加旅游展示与文化设施，改善目前过度商业化的负面形象；沿中市街和西湾街结合民居改造，除现有特色零售商业以外，引入休闲和旅馆服务设施，包括传统茶馆、家庭旅馆等；后港街北侧主要布置旅游服务设施和文化设施，包括博物馆、展览馆、画廊、书店等；福洪街南至中市街范围内结合民居改造，引入休闲设施、娱乐设施和家庭旅馆。

## ■ 四、历史文化街区保护

周庄历史文化街区保护范围包括南北市河、后港、中市河沿河两岸历史文化遗存密集地带，面积约7.89hm²。

整体保护沿南北市河、后港、中市河的三条沿河地带的空间格局和历史风貌，保护精致细腻的"小桥、流水、人家"风光。保持河、街、建筑的空间关系，不得随意填埋、拓宽河道，随意改变街道走向，随意拆除、改建沿街、沿河建筑。

建筑整治和改造时，其平面布局和组合形式应与街区的传统肌理协调，建筑的形式、体量、高度、进深、色彩应保持与传统建筑的协调。屋顶应采用传统的坡屋顶形式，色彩应与粉墙黛瓦的江南民居一致。

加强历史环境要素的保护与整治，保护古桥古井、古树名木、传统街巷；沿街广告招牌等设置应满足传统风貌的要求。

## ■ 五、历史文化遗存保护

### 1. 文物保护单位保护

周庄现存文物保护单位16处，其中省级文物保护单位3处、市（县）级文物保护单位13处。

在保护范围以内，保护文物保护单位建筑本身的真实性和完整性，进行专门的建筑保护与修缮；在建设控制地带以内，保持该区域的传统风貌，对现状与传统风貌不协调的建筑要适时进行整治，并严格控制新的建设活动，保护该区域的自然地貌特征。

### 2. 控制保护建筑保护

保护周庄现存市控制保护建筑2处，包括贞丰桥、周庄普庆桥。

维修不得改变和破坏原有建筑的布局、结构和装修，不得改建、扩建。控制保护建筑的重点修缮、局部复原、建造保护性建（构）筑物等工程，必须经相应行政主管部门批准。

**周庄古镇控制保护建筑**

| 名称 | 年代 | 地址 | 类别 | 属性 | 保护范围 | 建设控制地带 |
|------|------|------|------|------|----------|--------------|
| 贞丰桥 | 明、清 | 贞丰弄南端 | 古构筑物 | 桥涵码头 | 北至贞丰街，南至西湾街，东至桥堍6m，西至桥堍10m | |
| 周庄普庆桥 | 清 | 中市街82号南 | 古构筑物 | 桥涵码头 | 北、东至中市街89号，南至西湾街，西至中市街91号 | |

### 3.历史建筑保护

保护周庄现存历史建筑80处。加强历史建筑的勘查、认定和建档工作，发掘和保护不同时期的优秀代表性建筑，及时登记，列入保护名单。筛选有较高历史、科学和艺术价值的历史建筑，积极申报控保建筑或文物保护单位。

### 4.地下文物埋藏区保护

保护周庄地下文物埋藏区3处。保护范围依据文物管理部门要求划定并公布地下文物埋藏区范围。

**周庄古镇地下文物埋藏区**

| 名称 | 年代 | 地址 | 类别 | 属性 | 保护范围 | 建设控制地带 |
|---|---|---|---|---|---|---|
| 太史淀遗址 | 新石器时代、汉、宋 | 周庄镇王东村太史淀，位于村北，湖泊之下 | 古遗址 | 聚落址 | 遗址周围10m | 遗址周围30m |
| 沈万三家族墓 | 明 | 周庄镇东浜村银子浜路西 | 古墓葬 | 名人或贵族墓 | 遗址周围10m | 遗址周围30m |
| 庵息山遗址 | 新石器时代、商、西周、东周、明、清 | 周庄镇杏村西 | 古遗址 | 聚落址 | 遗址周围10m | 遗址周围30m |

### 5.传统街巷

保护所有现存传统街巷和其他重要街巷，重点保护历史镇区内9条历史悠久的传统街巷，包括南北市街、蚬江街、城隍埭、南湖街、西湾街、中市街、西市街、福洪街、后港街。

保持传统街巷，维修时采用传统铺设手法，采用与原有材料相似的材料进行修补。

保持现状河街平行、河路相间的传统空间格局，不得改变原有的河街关系，不得改变传统街巷的走向及宽度，保持传统街巷曲折多变的线型。

保持街巷宽度与沿街建筑高度的原有尺度，不得随意改变沿街建筑的外观轮廓；传统街巷两侧建筑修缮时必须采用周庄传统手法，严格控制建筑立面形式、材料、色彩等；保持传统街巷两侧立面的连续性与丰富性的界面特征。

保护街巷沿线的小广场、古桥、古树名木等节点。

### 6.传统河道

重点保护7条传统河道；保护河道两侧历史建筑和滨水空间，保持河道两侧错落有致的建筑轮廓；保护河道两侧古驳岸、河埠头、码头的形式及其多样性；保护水体水质环境，禁止向水体直接排污。

### 7.古桥

保护17座桥梁，包括12座历史留存古桥、4座复建古桥、1座近代新建桥梁。

### 8.古树名木

保护现存23棵古树名木，主要包括桂花、蜡梅、牡丹、黄杨等特色树种。

## ■ 六、非物质文化遗产保护

保护周庄现存5大类43项非物质文化遗产。

进一步深入开展非物质文化遗产普查工作；健全已有的非物质文化遗产代表作名录体系；保护、培养非物质文化遗产的传承人，鼓励和保障传承人开展传习活动，培训当地居民继承传统手工技艺；举办非物质文化遗产节庆和竞赛活动，如挑花篮、马灯、舞狮、摇快船、划灯等比赛，增强非物质文化遗产的影响力，提高旅游吸引力。

## ■ 七、历史文化资源利用

### 1.建筑遗存利用

文物保护单位、控制保护建筑尽可能用于公共建筑，建立起以博物馆、展览馆、纪念馆

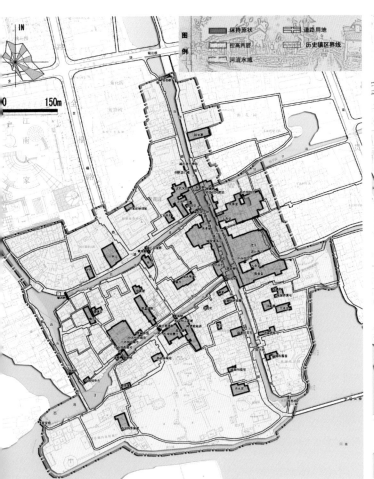

周庄古镇历史镇区高度控制引导图

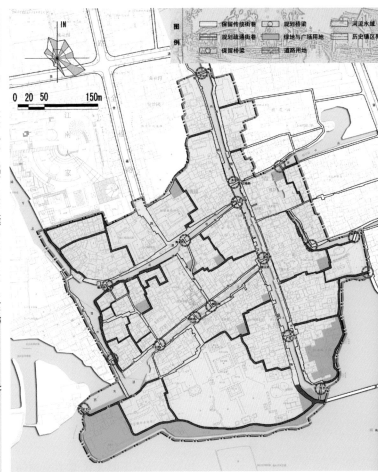

周庄古镇历史镇区街巷保护规划图

周庄古镇历史镇区河道保护规划图

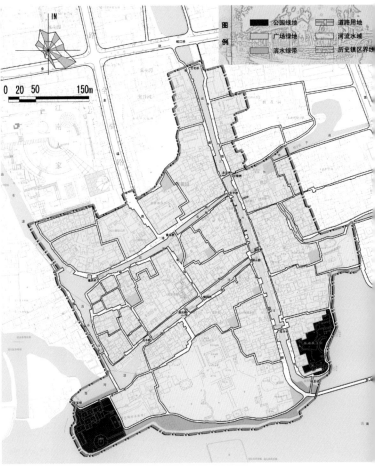

周庄古镇历史镇区绿地广场规划图

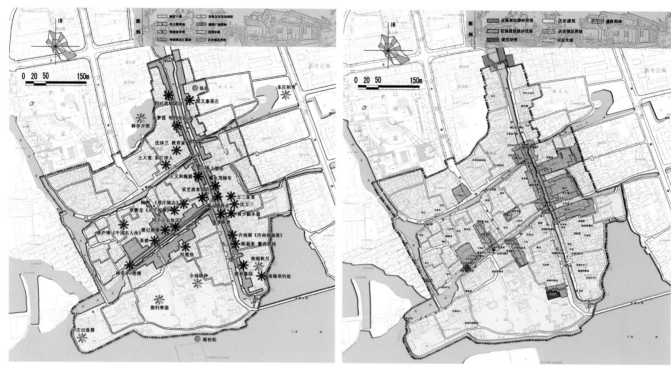

周庄古镇非物质文化遗产传承规划图　　　　　　　　　　　周庄古镇历史镇区历史遗存保护图

和剧院等为主的文化展示空间体系。考虑以前商后宅、家庭作坊、家庭旅馆等形式对历史建筑和传统民居进行保护利用。结合茶楼、酒馆等餐饮设施，以及专门的戏剧表演场所开辟传统戏曲、舞蹈表演平台。

### 2.周庄八景恢复

挖掘周庄的历史文化资源，根据"贞丰八景图"，在周庄历史镇区及周边适当恢复相关历史景点。

### 3.历史名人典故

结合周庄的历史名人典故，恢复开放部分名人故居或祖宅，延续周庄人文历史脉络，丰富旅游资源体系，提升周庄旅游的内涵。

### 4.文化传统

传承与宣扬周庄古镇人文精神，开展多种文化推广活动。举办与周庄历史文化相关的展览、竞赛和节庆等文化活动，加强对外宣传，增强周庄江南水乡文化的影响力。如定期举办

**周庄名人典故利用**

| 名称 | 典故出处 | 位置 |
| --- | --- | --- |
| 绿天书屋 | 章腾龙编著《贞丰拟乘》 | 中市街：老银行北面 |
| 沈万三故居 | 富商沈万三旧宅 | 南湖畔东坨 |
| 唐宅 | 著名小说家唐庐锋故居 | 福洪街南侧 |
| 王宅 | 南社诗人王大觉故居 | 后港街北侧 |
| 叶楚伧故居 | 国民党元老叶楚伧故居 | 西湾街近蚬园桥 |
| 沈体兰故居 | 教育家沈体兰故居 | 后港街北侧 |
| 不承堂 | 朱梦莲祖宅 | 蚬江路西侧 |
| 徽商茶栈 | 清朝陈裁果修缮旧宅 | 南市街东侧 |
| 许宅 | 著名画家许南湖故居 | 南市街东侧 |
| 沈厅 | 沈万三后裔沈本仁居所 | 北市街东侧 |
| 张厅 | 中山王徐达之弟徐逵居所 | 北市街东侧 |
| 连厅 | 吴江望族连文焕故居 | 北市街东侧 |

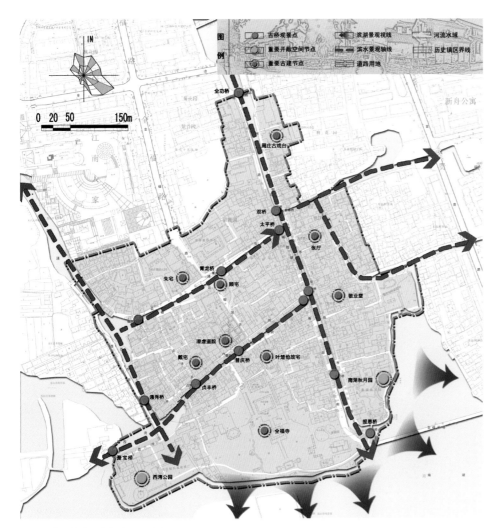

周庄古镇历史镇区空间景观规划图

"摇快船"、"水上婚礼"等活动，同时在餐饮门店推广阿婆茶等民俗文化。

### 5.产业发展

依托丰富的非物质文化遗产资源，开发文化产业和特色旅游，积极发展传统手工业，开发特色纪念品、手工艺品和特色美食等。

### 6.老字号复兴

周庄历史老字号百花齐放，鳞次栉比，在米业、酒业、药业、糕点业、餐饮业等均有影响力的品牌。建议结合旅游产业发展，适当选择部分历史悠久、知名度较高、行业代表性较强的老字号，予以复兴。

规划编制单位：江苏省城市规划设计研究院

周庄 双桥入画 (昆山市规划局 提供)

昆山

千灯

中国历史文化名镇（第三批）

千灯　顾园雪景（昆山市规划局　提供）

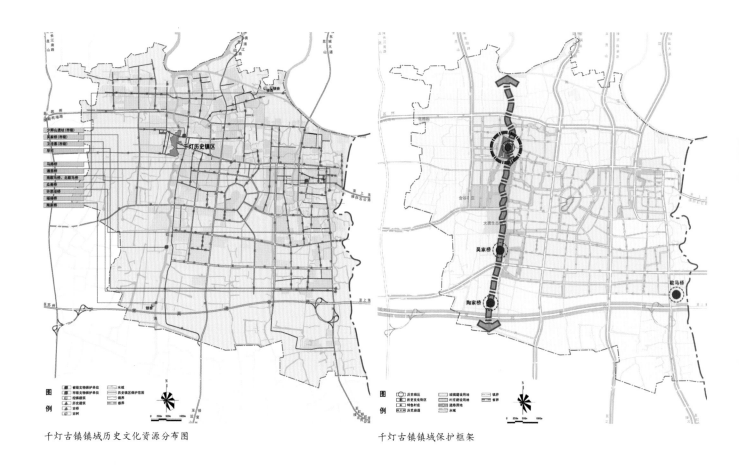

千灯古镇镇域历史文化资源分布图　　　　　　　　　　　千灯古镇镇域保护框架

千灯历史悠久，早在四千多年前就有人类在此活动。梁天监二年（503年），千灯浦西侧建延福禅寺。南宋时期，依千灯浦在东弄设市，市镇格局逐步形成。居民临水而居，住宅缘河而筑，驳岸列排，河埠成市，"水陆并行"、"河街相邻"的格局延续至今。

## ■ 一、镇域历史文化资源保护

### 1.文化价值与特色

古镇风貌古朴、遗存丰富。古镇内水巷、河埠、古桥、廊坊、庭院建筑紧邻相依，水乡古韵犹存；历史遗存有顾炎武墓、少卿山、秦峰塔、余氏当铺、延福禅寺、石板街等。

古镇人文荟萃、名人辈出。南宋有"忧国忘家、始终一节"的大学士、文学家状元卫泾，元有"昆山腔"创始人、昆曲鼻祖顾坚，明末清初有杰出思想家顾炎武。

### 2.保护内容

整体保护千灯镇域历史水系、历史镇区、特色村庄、石板街历史文化街区的传统格局、历史风貌和历史环境，保护全镇域9处文物保护单位、2处控制保护建筑及其他物质文化遗存，保护千灯名人文化和地方文化特色，保护与传承昆曲、千灯跳板茶等非物质文化遗产。

### 3.总体保护框架

"一镇、一街、三村、一廊、多点"。其中"一镇"即千灯历史镇区，"一街"为位于千灯历史镇区内的石板街历史文化街区；"三村"指历史文化遗存较为丰富的三个特色村庄：陶家桥、吴家桥、歇马桥；"一廊"为千灯浦历史文化廊道；"多点"即指镇域文物古迹等物质文化遗存及其历史环境。

### 4.保护措施

保护与古镇联系密切的田园风光和乡土风貌；优化城镇空间布局，促进古镇区、新镇区、工业区的协调发展；重点保护千灯浦及与之联系的沅渡泾、蒋泾湾等水系网络，适当疏通河道，保证水上游线的通畅，保护河道两岸的传统建筑、沿河绿化；加快镇域交通网络的构建，优化镇域水路、陆路旅游交通，增加旅游交通服务设施；保护歇马桥、陶家桥、吴家桥乡村特色风貌，加快村庄规划制定，细化村庄历史格局、历史文化资源的保护要求。

## ■ 二、历史镇区保护

### 1. 历史镇区范围

东至千灯浦以东，南至古居路，西至延福禅寺西—蒋泾湾西侧一线，北至永福桥（北大桥），总面积约17.93hm²。

### 2. 保护内容

保护历史镇区的整体空间环境，包括街巷格局、空间尺度和传统风貌。

保护"水陆并行、河街相依"的独特空间格局，保护北大街、南大街、塔园路、东弄等传统街巷，保护石板街与千灯浦联系的13条巷弄。

保护历史镇区内各级文物保护单位、控制保护建筑和其他物质文化遗存，保护历史镇区内重要历史环境要素。

改善千灯浦及联系河道的水质，整治沿河景观环境，保护两侧路、街、河、居的空间格局。

保护昆曲、千灯跳板茶等非物质文化遗产，继承发扬优秀的地方文化艺术、民间传统工艺和独特的民风、习俗，保护传统地名、路名、方言等。

### 3. 功能定位

在保持历史镇区传统居住和商业的基础上，拓展文化和旅游服务功能，形成多元化、充满活力的文化展示区、宜居生活区和旅游发展区。

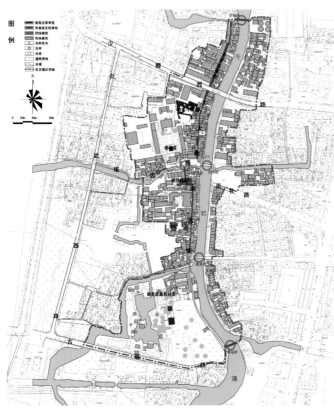

千灯古镇历史镇区现状历史文化遗存图

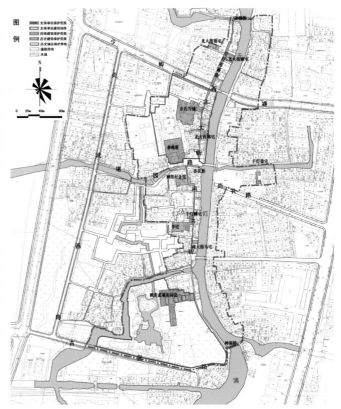

千灯古镇历史镇区历史文化遗存保护规划图

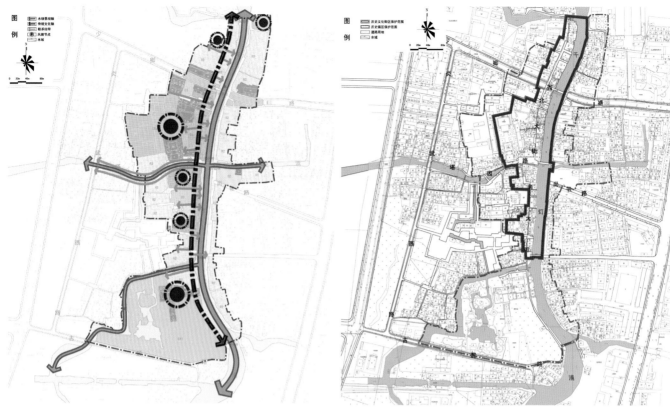

千灯古镇历史镇区规划结构图 千灯古镇历史镇区保护规划图

## 4.整体保护策略

完善功能布局，保护格局风貌，整治整体环境，优化交通模式。

## 5.传统空间格局的保护

保护构成历史镇区格局的传统街巷、河道、特色空间界面、节点及重要建（构）筑物，保护传统街巷与千灯浦等水系的空间关系，延续历史镇区空间格局。

## 6.传统风貌保护与整治

### 1）风貌体系保护

按照体现历史镇区传统风貌和提高观赏性的原则，确定景观点、观景点和景观视廊，控制历史镇区建筑高度，保护以秦峰塔、永福桥、恒升桥、凝熏桥、种福桥等标志性建（构）筑物为节点，以石板街、千灯浦为主轴线，以传统建筑集中区、顾炎武墓园为面的整体风貌体系。

### 2）景观视廊控制要求

秦峰塔、千灯浦为主要景观点，永福桥、种福桥、凝熏桥、恒升桥、千灯桥为主要观景点。控制观景点与景观点之间的景观视廊，保持景观视廊内的视线通畅。

### 3）出入口景观控制

严格控制历史镇区西入口、南入口、东入口牌坊次要观景点与历史镇区联系街道的空间尺度，整治街道两侧与历史镇区风貌不协调的建筑立面。

### 4）环境设施的控制

保护历史镇区内传统招牌形式，店招、广告牌、指示牌、路灯、公用电话、果皮箱等环境设施的形式、色彩、风格等与古镇历史风貌协调。

### 5）建筑高度控制

文物保护单位和控制保护建筑的保护范围内、历史文化街区内、千灯浦西侧的建筑保持现有高度。景观视廊内的建筑高度以实际视觉效果控制，以不改变视廊内的传统建筑轮廓线为原则。

千灯浦沿线地区改建、新建建筑，檐口高度不应超过6m，屋顶坡度不应超出25°～30°；历史文化街区以西地区改建、新建建筑，檐口高度不应超过9m，屋顶坡度不应超出25°～30°。

历史镇区内除传统建（构）筑物外，其他四层及以上建筑应择机降层，并整治风貌，使其与历史镇区整体风貌相协调。

以上规定的区域出现重叠时，应以建筑高度控制较低的条款控制。

### 7. 人口政策

结合历史镇区功能提升和物质环境整治，完善人口政策和结构；通过回购或租赁价格优惠、允许房屋局部功能调整、参与古镇产业提升等方法和措施，适当疏解外来人口，鼓励老

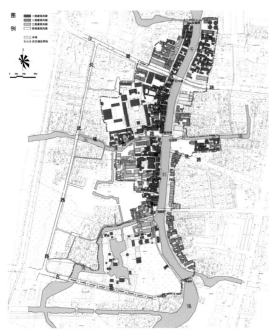

千灯古镇历史镇区建筑风貌分析图

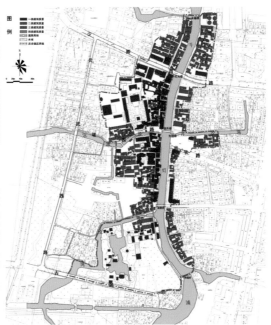

千灯古镇历史镇区建筑质量分析图

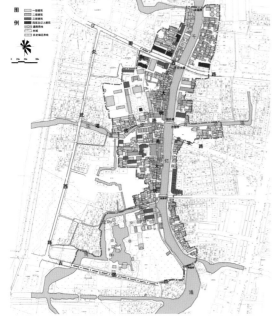

千灯古镇历史镇区建筑层数分析图

千灯古镇历史镇区建筑功能分析图

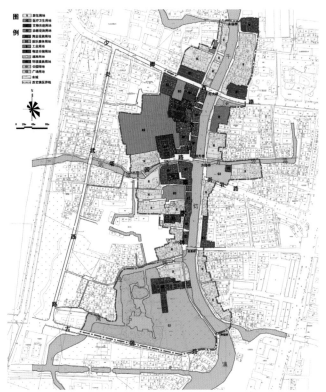

千灯古镇历史镇区土地利用现状图

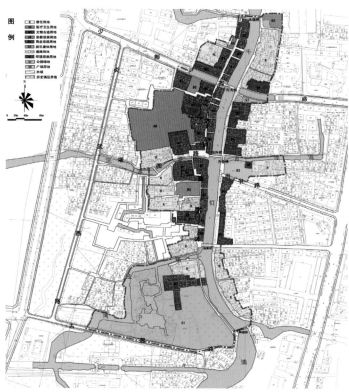

千灯古镇历史镇区土地利用规划图

## 千灯古镇历史镇区规划用地汇总表

| 类别代码 | 类别名称 | 用地类别 | 现状 | | 规划 | |
|---|---|---|---|---|---|---|
| | | | 用地面积 (hm²) | 占建设用地比例 (%) | 用地面积 (hm²) | 占建设用地比例 (%) |
| R | | 居住用地 | 4.38 | 29.20 | 3.66 | 24.39 |
| A | | 公共管理与公共服务用地 | 2.55 | 17.01 | 2.55 | 17.01 |
| | A5 | 医疗卫生用地 | 0.04 | 0.27 | 0.04 | 0.27 |
| | A7 | 文物古迹用地 | 1.00 | 6.67 | 1.00 | 6.67 |
| | A9 | 宗教设施用地 | 1.51 | 10.07 | 1.51 | 10.07 |
| B | | 商业服务业设施用地 | 2.12 | 14.13 | 2.95 | 19.67 |
| | B2 | 商业设施用地 | 1.80 | 12.00 | 2.53 | 16.87 |
| | B3 | 娱乐康体设施用地 | 0.32 | 2.13 | 0.42 | 2.80 |
| M | | 工业用地 | 0.23 | 1.53 | — | — |
| W | | 物流仓储用地 | 0.16 | 1.07 | — | — |
| S | | 道路与交通设施用地 | 2.21 | 14.73 | 2.15 | 14.33 |
| U | | 公用设施用地 | 0.03 | 0.20 | 0.03 | 0.20 |
| G | | 绿地与广场用地 | 3.32 | 22.13 | 3.66 | 24.40 |
| H | | 建设用地 | 15.00 | 100.00 | 15.00 | 100.00 |
| E1 | | 水域 | 2.93 | | 2.93 | |
| | | 历史镇区范围 | 17.93 | | 17.93 | |

千灯人回迁，吸引年轻人、对古镇有文化认同感和有传统手工技艺的人就业、居住，提升历史镇区活力。

### 8.用地调整

#### 1）调整原则

加强历史镇区与周边地区的衔接，优化用地布局，加强配套设施建设，改善居住环境质量。

凸显历史镇区文化、旅游的功能，增加文化展示、商业服务、休闲娱乐等设施用地，加强公共配套服务和旅游配套服务设施的建设。

加强历史镇区内微小型绿地以及广场的建设，在保护传统空间肌理的前提下，适当增加开敞空间，营造休憩活动场所。微小型绿地建设及景观塑造中应注重历史镇区内梅树、朴树、银杏等植物搭配，营造并适当恢复传统景观意境。

#### 2）用地布局结构

保持石板街沿线的商业功能，商业业态由服务居民日常生活为主转向为居民、游客服务兼顾，培育综合服务功能；保留东弄、石板街南北两端的居住功能，并允许适度功能混合；形成一个传统商业带、三个传统生活区的用地结构。

#### 3）调整措施

在南大街、北大街两侧设置特色商品以及小型特色餐饮为主的服务设施，并辅以休闲茶室、戏曲茶楼等商业文化设施。

对部分传统建筑适当进行功能置换，增加商业服务配套设施，形成小型商业节点。

调整永福桥东侧地块的仓储功能，保留其工业建筑特征，功能改为文化休闲设施。调整明发制衣厂用地，发展商业休闲、特色居住为主的旅游服务功能。

#### 4）历史镇区周边用地的控制与协调

西入口广场至龙乐易镇的地段规划为集中的以特色餐饮、旅游服务为主的休闲街区，炎武西路以西地区控制城镇建设用地的开发强度和空间拓展。调整历史镇区以北至苏虹机场路千灯浦沿线的工业、物流仓储用地，控制千灯浦两侧绿化空间；加强历史镇区东侧、南侧千灯浦沿线的旅游服务功能。

## ■ 三、石板街历史文化街区保护

### 1.保护范围

沿南大街、北大街向东西两侧延展，东至千灯浦东岸，北至永福桥，南至凝熏桥，主要包括沿街两侧的建筑和院落，覆盖千灯历史镇区内绝大部分的文保单位、控保建筑和传统建筑。总面积3.17hm²。

### 2.保护措施

保护历史文化街区独特的河街相间、河路平行的"半鱼骨状"空间格局和尺度宜人、传统特色突出的历史风貌。

保护街区的空间肌理、街巷比例和建筑布局，保护、延续街区的整体风貌。

保护与街区历史风貌有密切关系的河道、驳岸、街巷、民居、古桥、古井、古树、路面铺装等历史环境要素。

强化文化和旅游功能，适当置换出一部分居住功能；根据千灯的传统文化和文化名人，增加与之相关的文化设施、与旅游服务配套的休闲设施、商业设施与娱乐设施等。

改善历史文化街区的公用设施，提高街区整体环境品质。

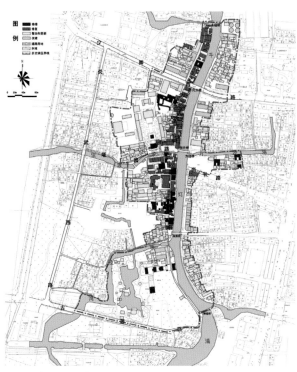

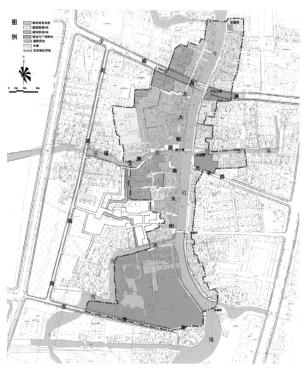

千灯古镇历史镇区建筑整治规划图　　　　　　　千灯古镇历史镇区建筑高度控制规划图

## ■ 四、历史文化遗存保护

### 1.文物保护单位保护

保护对象为3处省级文物保护单位，6处市（县）级文物保护单位。

**千灯古镇文物保护单位**

| 名称 | 时代 | 级别 | 类别 |
|---|---|---|---|
| 秦峰塔 | 北宋大中祥符元年（1861年）重建。后历经明、清历次修缮 | 省级 | 古建筑 |
| 顾炎武墓和祠堂 | 清光绪二十年（1894年）重修坟墓 | 省级 | 古建筑 |
| 余氏当铺 | 清代 | 省级 | 古建筑 |
| 千灯石板街 | 民国 | 昆山市级 | 古建筑 |
| 少卿山遗址 | 新石器时代 | 昆山市级 | 古遗址 |
| 吴家桥 | 清代 | 昆山市级 | 古建筑 |
| 种福桥 | 清道光元年（1821年）重建 | 昆山市级 | 古建筑 |
| 永福桥 | 清代 | 昆山市级 | 古建筑 |
| 卫泾墓 | 南宋 | 昆山市级 | 古墓葬 |

文物保护单位必须严格按照相关规定进行保护，不允许改变文物的原有状况、面貌及环境，修缮、修复应采用原工艺，并严格按修缮审批手续进行。

### 2.控制保护建筑保护

保护内容为2处控制保护建筑。

**千灯古镇控制保护建筑**

| 名称 | 时代 | 级别 | 类别 |
|---|---|---|---|
| 李宅 | 清代 | 昆山市级控保建筑 | 古建筑 |
| 顾坚纪念馆 | 民国 | 昆山市级控保建筑 | 古建筑 |

维修不得改变和破坏原有建筑的布局、结构和装修，不得改建、扩建；除经常性保养维护和抢险加固工程外，控制保护建筑的重点修缮、局部复原、建造保护性建(构)筑物等工程，必须经相应行政主管部门批准。

### 3.推荐历史建筑

保护对象为镇域范围内具有一定保护价值，能够反映古镇历史风貌和千灯地方特色，未公布为文物保护单位，也未登记为不可移动文物的建筑物、构筑物，建议由市政府公布为历史建筑，共20处。

**千灯古镇推荐历史建筑**

| 名称 | 时代 | 类别 | 名称 | 时代 | 类别 |
|------|------|------|------|------|------|
| 顾炎武宅 | 明清，1990年代重建 | 古建筑 | 香花桥 | 清代 | 古桥梁 |
| 毕宅 | 民国 | 古建筑 | 陶家桥 | 清代 | 古建筑 |
| 千灯徐宅 | 清代 | 古建筑 | 南歇马桥 | 清代 | 古桥梁 |
| 千灯顾宅 | 清代 | 古建筑 | 北歇马桥 | 民国 | 古桥梁 |
| 延福禅寺 | 清，1990年代重建 | 古建筑 | 众善桥 | 民国 | 古建筑 |
| 北大街顾宅 | 民国 | 古建筑 | 马路桥 | 清代 | 古建筑 |
| 北大街韩宅 | 清代 | 古建筑 | 通里桥 | 清代 | 古建筑 |
| 北大街葛宅 | 民国 | 古建筑 | 许思泾桥 | 清代 | 古建筑 |
| 南大街马宅 | 清代 | 古建筑 | 福禄桥 | 清代 | 古建筑 |
| 东弄31号 | 民国 | 古建筑 | 世隆桥 | 清代 | 古桥梁 |

历史建筑一经市政府公布，应当为其建立档案，设置保护标志，禁止迁移、拆除，修缮应当保持原有的高度、体量、外观形象和色彩。

### 4.历史环境要素保护

#### 1）桥梁、码头

保护包括永福桥、种福桥2处文物保护单位在内的镇域14座古桥梁及其桥头空间；拆除现

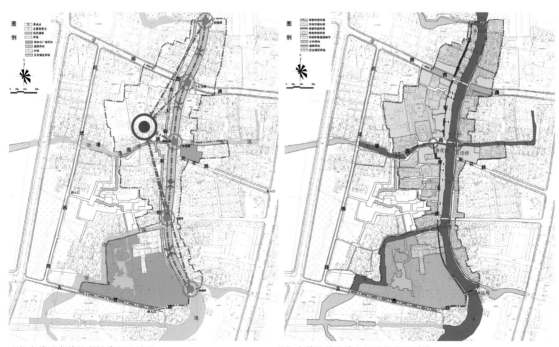

千灯古镇历史镇区空间景观规划图　　　　　　千灯古镇传统街巷与河道保护规划图

状与街区风貌不协调的千灯大桥，少卿西路过千灯浦采用隧道下穿方式，按照传统形式和工艺在现状千灯大桥的位置建设步行桥。

保护千灯浦两岸的老码头、河埠头，按照传统形式、材料整治蒋泾湾、沇渡泾、方泾浜水泥驳岸。

### 2）古井
保护顾坚纪念馆门前的古井；结合沇渡泾两侧环境整治，保留历史文化街区内的2座古井，形成景观节点。保护原有井圈，强化井台铺地，加强绿化，增加休憩设施。

### 3）古树名木
严格保护镇域登记的31株古树名木，不得砍伐、移栽。

# 五、非物质文化遗产保护

## 1. 保护内容
保护千灯镇各类各级非物质文化遗产。

**千灯镇非物质文化遗产代表作名录**

| 类别 | 项目名称 | 级别 |
|---|---|---|
| 曲艺 | 昆曲 | 人类口头和非物质遗产代表作（联合国公布） |
| 传统舞蹈 | 千灯跳板茶 | 省级 |

**千灯镇其他非物质文化遗产**

| 种类 | | 名称 | 分布 | 物质空间载体 |
|---|---|---|---|---|
| 名人 | | 顾炎武 | 历史镇区 | 顾炎武宅 |
| | | 顾坚 | 历史镇区 | 顾坚纪念馆 |
| 民间文学 | 传说 | 分水龙王庙 | 千灯镇吴家桥村 | |
| | 传说 | 吴家桥的传说 | 千灯镇吴家桥村 | |
| | 传说 | 電渡泾的传说 | 历史镇区 | |
| | 传说 | 卫泾与文笔峰的传说 | 千灯镇石浦街道 | 昆山马鞍山西山处的文笔峰 |
| | 传说 | 歇马桥的传说 | 历史镇区 | 歇马桥 |
| | 故事 | 甪直泾的由来 | 历史镇区 | |
| | 故事 | 萧墅村的传说 | 千灯镇萧墅村 | |
| | 歌谣 | 耘稻要唱耘稻歌 | 历史镇区 | |
| 民间信仰 | 庙会 | 石浦庙会 | 千灯镇石浦街道 | |
| | 其他 | 打醮 | 历史镇区 | |
| | 其他 | 走三桥 | 历史镇区 | |

## 2. 保护措施
按照"保护为主、抢救第一、合理利用、传承发展"的方针，深入开展非物质文化遗产普查工作，建立档案和数据库。

保护、培养非物质文化遗产的传承人，有条件的非物质文化遗产传承可以与基础教育相结合，强化非物质文化遗产保护和传承的群众基础；举办非物质文化遗产节庆和竞赛活动，增强非物质文化遗产的影响力。

积极继承和利用非物质文化遗产，开发以非物质文化遗产为主要内容的旅游活动。结合历史镇区的整治，对沿传统街巷建筑进行功能置换，完善千灯浦以东、尚书路西端的文化广场功能，布置千灯跳板茶、昆曲表演场所，为传统文化提供适宜的空间，增强非物质文化遗产的生命力。

以顾炎武宅、顾坚纪念馆、灯具博物馆和展览馆为主要空间载体，保护并加强研究千灯的"名人文化"和"灯文化"。

# ■ 六、历史文化资源利用

### 1.利用原则

以物质文化遗产为载体、结合非物质文化遗产，共同保护利用；文化产业和旅游产业结合，共同发展；利用途径多元化。

### 2.利用措施

#### 1）建筑遗存的利用

在对各级文保单位、控保建筑和历史建筑积极保护的基础上，进行功能的完善和提升，结合历史功能和文化特色，打造富有人文气息、承载核心历史信息的公共空间，建立以博物馆、展览馆、纪念馆和小型剧院等为主的文化展示空间体系。

加强传统建筑和民居的修缮，鼓励土地混合使用，拓展使用功能，可考虑以前商后宅、家庭作坊、家庭旅馆等形式进行保护利用。结合建筑改造，增加餐饮设施、剧院表演场所开辟传统戏曲、舞蹈表演平台，为传统文化提供适宜的展示传承空间。

#### 2）历史典故的挖掘

充分挖掘历史文化资源，适当恢复延福晓钟、秦峰夕照、南墅梅花、汶浦渔歌等"千灯八景"，提升历史镇区的历史价值，增加历史镇区的观赏性。

#### 3）文化传统的传承与宣扬

利用千灯现存众多的文化传统、表演艺术，开展多种文化推广活动。举办与千灯历史文化相关的昆曲、跳板茶等竞赛和节庆等文化活动，结合千灯历史镇区旅游，加强对外宣传，达到文化事业和旅游发展的互动。

形成以名人文化、戏曲文化、民俗文化、名灯文化、水乡古街风情为主题的旅游产品体系。挖掘、发展顾炎武的著作和思想，举办"炎武课堂"，弘扬儒文化并提高游客及千灯居民的参与度；传承昆曲文化，拓展昆曲参与旅游业的外延，加强与昆曲相关联的服装、化妆、曲谱、明信片、音像制品等旅游商品的研发力度，并与创意产业结合；挖掘千灯民俗、传统灯具制作，加强展示利用；以古镇、古村及镇域河道、农业空间为重要载体，完善水乡风情游。

#### 4）产业发展与特色旅游结合

依托历史资源，合理发展旅游产业、文化产业和传统手工业；挖掘非物质文化遗存的资源，开发特色纪念品、手工艺品和特色美食等；在历史街区内恢复以销售特色纪念品、手工艺品和特色美食为主的老字号，依靠旅游带动文化产业和传统手工业的发展。

### 3.展示线路组织

#### 1）与区域联系的可行路径和主要入口

引导旅游人群主要从历史镇区东、南、西三个入口进入古镇。千灯浦是联系南部其他各镇的主要水上通道。

#### 2）镇域主题线路

古镇文化体验线路：千灯古镇—古镇品尝千灯特色宴席—赏昆曲品茶点—逛歇马桥古村；水乡民俗体验线路：千灯古镇—花博农园旅游区；古镇田园线路：千灯古镇—古镇品尝千灯特色宴席—大唐生态园—农家菜—赏昆曲品茶点；乡村休闲线路：花博园—千灯古镇—古镇品尝千灯特色宴席—大唐生态园—金谷农庄—品农家菜；水乡田园水上线路：千灯古镇—金谷养生旅游区—大唐生态旅游区。

#### 3）古镇线路

以石板街步行和千灯浦游船行为主框架，强调"漫游式"的慢行旅游交通模式，在古镇内完善"宜停""宜赏""宜游"的空间和线路，弱化"一线到底"式快速游览的线路组织方式。

规划编制单位：江苏省城市规划设计研究院

千灯　全貌图（昆山市规划局　提供）

千灯　河畔（昆山市规划局　提供）

昆山

# 锦 溪

中国历史文化名镇（第四批）

锦溪　锦溪之夏（昆山市规划局　提供）

锦溪　俏江南（昆山市规划局　提供）

锦溪　小飞虹（昆山市规划局　提供）

锦溪东临淀山湖，西依澄湖，南靠五保湖，北有矾清湖、白莲湖，历来有"金波玉浪"之称。史载，南宋建都临安时，宋孝宗的宠妃陈妃病殁水葬于此，锦溪遂改名陈墓。1993年，恢复锦溪古名。"镇为泽国，四面环水"，"咫尺往来，皆须舟楫"是锦溪的写照，水巷、河埠、拱桥、骑楼、廊坊、街市，二千余年的历史文化蕴积凸现的水乡神韵，宛若一幅动人心魄的绝妙画卷。

# ■ 一、镇域历史文化资源保护

## 1.文化价值与特色

### 1）以湖荡水网为特色的自然生态基底

锦溪地区为大小湖荡和交错的河道围绕，水系发达，水网密布，大面积的水域以及由之衍生的岸线、滩涂、湿地等共同构成丰富的自然遗产。锦溪古镇至今依然保存了许多14世纪乃至在此之前的农田水利开发面貌，具有独特的历史水系和多样的水体形态，以及大圩、小圩等圩田遗迹，是唐宋以来江南地域农田水利开发史的重要遗产。

### 2）以锦溪古镇和村落为核心的传统聚落

锦溪古镇及其周边的村落等聚落遗产是江南水乡遗产中最重要的物质文化遗产。由陈妃水冢、陈墓荡、陈墓港、陈墓镇以及莲池禅院等组成的陈妃水冢文化体现了锦溪自然与历史人文水乳交融的地方文化特色。

锦溪古镇布局灵活而空间丰富，主要街巷的走向、院落的排布都与水系有着密切的联系，建筑临河而建，傍水而造，"小桥流水人家"的宜人环境景观，具有典型的江南水乡特色。古镇周边分布着风格各异的渔业村、农耕村、蚕桑村、砖窑村等。

### 3）别具特色的街巷肌理格局与建筑艺术

古镇格局完整，风貌古朴，街巷水系肌理清晰，空间尺度宜人，建筑形式及空间充分体现了江南独有的文化与风情，主要表现在为因地制宜的群体布局、严谨而多变的建筑类型、别具特色的建筑空间和设计精美的建筑艺术。

锦溪至今保存着丰富的历史遗存，古镇历史建筑保存比较完整，建筑遗存丰富，类型多样，古宅名宅众多。锦溪有祝甸古窑址群、陈墓区公所2处省级文物保护单位，陈妃水冢等市级文物保护单位12处，酒作坊等市级控制保护单位4处。此外还有多处具有历史文化价值的历史建筑。

### 4）独特的非物质文化遗产

锦溪自古是能工巧匠之乡，手工业发达，自古生产古砖瓦，制砖业远近闻名，祝甸古窑址群是江苏省境内分布密度最为集中的一处古窑址群，其独特的窑顶渗水系统对研究江南地区的古窑发展史具有重要的价值。传统民俗文化包括节日的饮食、衣着、用具等，以及庙会、香会、主要节俗和市民活动，传统民间艺术包括锦溪宣卷、山歌、民间故事、民间谚语、民间歌谣等。此外，值得一提的有锦溪与水有关的风俗如"走三桥"、"摇快船"等以及锦溪所独有的"城隍群落"现象。

## 2.保护措施

从整体层面保护古镇赖以依托的河湖水系生态环境，重点保护市河、菱荡湾、五保湖及与之联系的界浦港、道院港、邵甸港等天然水系网络。

优化城镇空间布局，在开发新区的同时，适当控制历史镇区周边城镇建设用地拓展，促进古镇区、新镇区、工业区的互动协调发展。

适当调整古镇用地结构，迁出古镇区内的工厂等与古镇功能不符的生产设施，将中小学迁移至古镇区外围。古镇的土地利用和各项建设必须有利于古镇保护，延续古镇原有的历史文脉和传统风貌。

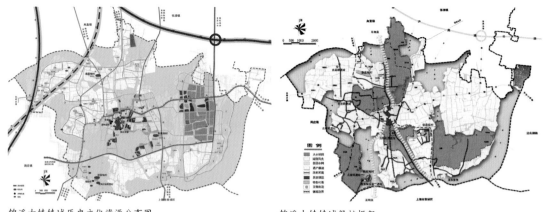

锦溪古镇镇域历史文化资源分布图　　　　　　锦溪古镇镇域保护框架

切实保护历史镇区的文物古迹及其历史环境等，制定历史建筑保护整治管理办法，指导古镇的有机更新，处理好保护和发展的关系。历史建筑、古构筑物的使用功能符合保护规划的要求，在使用过程中不得造成污染和破坏。

为避免破坏古镇的传统格局，应按照历史文化名镇保护的要求，加快镇域交通网络的构建，完善公共交通与停车设施布局，控制历史镇区的交通流量，改善机动车穿越历史镇区的交通组织方式，减轻机动车交通对历史镇区的影响。优化镇域水路、陆路旅游交通，增加旅游交通服务设施。

保护张家厍村、袁甸村、祝甸村等的乡村特色风貌，保护朝阳桥及河、街格局，整治河道景观、改善水质并保持水系通畅。加快村庄规划制定，细化村庄历史格局、历史文化资源的保护要求。

## ■ 二、历史镇区保护

### 1.历史镇区范围

东至邵甸港—文昌路一线，南至莲湖村北部，西至窑后头弄—巡检司巷一线，北至界浦港南岸，总面积约21.99hm²。

### 2.功能定位

在保持历史镇区传统居住和商业的基础上，积极拓展文化和旅游休闲服务功能，形成充满活力的多元历史文化展示区和休闲生活区，把锦溪建设成为功能完善、环境优美、配套齐全的，集文化、教育、休闲、旅游、服务于一体的古镇。

### 3.整体保护策略

#### 1）加强河湖水系整体生态基座的保护

重点保护与古镇发展历史密切相关的五保湖、长白荡等湖面。将水环境整治、滨水绿地建设与古镇保护结合起来。重点保护与古镇发展历史密切相关的古内河水道等历史河道，改善水质，增加绿化，通过城市设计加强滨河景观塑造，延续历史文脉。

#### 2）完善历史镇区功能布局

在积极发展新区的同时，合理调整历史镇区内用地布局，适度增加生活服务设施和旅游服务设施，逐步优化人口结构，塑造多元宜居的古镇环境，促进历史镇区的有机更新，使之成为环五保湖休闲文化发展区的核心组成部分。

#### 3）保护历史格局与风貌

在加强古镇河湖水系保护的基础上，加强陈妃水冢、菱荡湾及市河周边历史环境的保

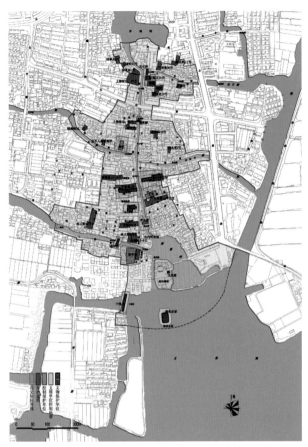

锦溪古镇历史建筑分布图

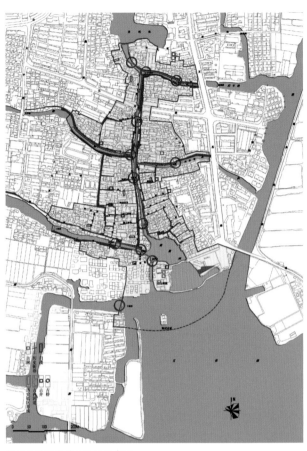

锦溪古镇历史镇区保护要素图

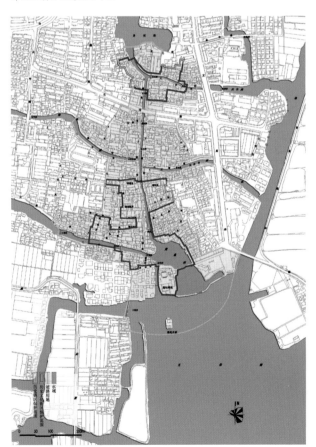

锦溪古镇历史镇区保护规划图

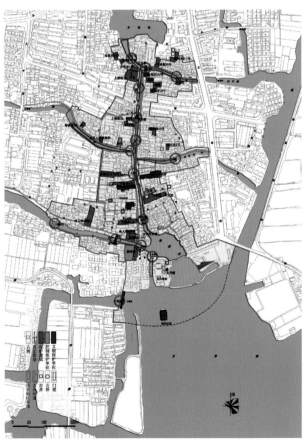

锦溪古镇历史镇区历史文化遗产保护规划图

护，完善街巷肌理、传统建筑风貌、建筑高度、水网格局等的整体控制和保护要求，完善基础设施，优化人居环境，彰显历史镇区的整体形象和空间特色。

**4）优化交通模式**

改善非机动车和步行环境；在历史镇区周边设置停车设施，截留进入历史镇区的机动车交通，减少机动车穿越历史镇区；逐步建立以历史文化街区为中心的步行区域。

**4.传统空间格局保护**

保护构成历史镇区格局的传统街巷、河道、特色空间界面、节点及重要建（构）筑物，保护传统街巷与市河等水系的空间关系，延续历史镇区空间格局。

**1）传统街巷**

保护市河两侧的上下塘街等历史巷道空间。

保护和恢复历史街巷原有的名称、尺度、走向及地面铺材，不得拓宽；严格控制街巷两侧的建筑高度；保持街巷界面的连续性，新建建筑开间不得大于周边传统建筑；保护街巷沿线树木、古井、围墙、传统的路面铺装等历史环境要素；整治街巷环境，保持街巷通畅性，清理占用街巷内部及滨水空间、与历史风貌不相协调的建（构）筑物。

**锦溪历史镇区主要历史街巷**

| 名称 | 长度（m） | 宽度（m） | 形成年代 | 主要特点 |
|------|-----------|-----------|----------|----------|
| 上塘街 | 430 | 2～4 | 南宋末期 | 石板路面，上宅下店、前店后坊 |
| 下塘街 | 430 | 2～4 | 南宋末期 | 石板路面，上宅下店、前店后坊 |
| 南大街 | 470 | 1.5～3 | 明末清初 | 原为碎石，现改为小青砖路面 |
| 三图街 | 250 | 2～3 | 清代 | 原为碎石，现改为小青砖路面 |
| 锦溪街 | 585 | 1.5～3 | 不晚于南宋 | 碎石青砖路面，沿河有廊棚 |
| 苻街 | 360 | 1.5～3 | 不晚于南宋 | 碎石青砖路面，沿河有廊棚 |
| 长棣弄 | 320 | 2～3 | 明末清初 | 小青砖路面，街北民宅古拙 |
| 天水街 | 200 | 1.5～3 | 明末清初 | 石板路面，街南民宅联袂 |
| 三贤街 | 200 | 1.5～3 | 明末清初 | 小青砖路面，街北民宅古拙 |
| 其他具有一定地方特色的弄堂主要有酒作坊、翠龙堂、王家弄、墩河里、孙长弄、典当弄、窑后头、西窑弄、北王家巷、南王家巷、珊瑚弄、牌楼里、宝善堂等 | | | | |

**2）河道**

保护市河、菱荡湾等河道及传统驳岸。加强对河道水系的保护，不得填埋、拓宽现有河道；改善沿河民居的公用设施配套，搞活水系，使水体流畅、洁净，对其进行疏浚、截污，禁止生产、生活污水直接排入河道，保持河道水体的清洁卫生；保护河道两侧古驳岸、河埠头、码头的形式及其多样性，按照传统工艺和材料整治驳岸。

**3）重要界面及节点空间**

保护和完善上、下塘街两侧的建筑界面，保持水乡古镇独有的尺度和多样性，改造不协调建筑，塑造优美宜人的界面和轮廓线。

整治市河两侧的临河建筑界面、街巷，保持现有尺度，改善建筑立面和街巷铺装，并与古镇传统风貌协调。

保护莲池禅院前的广场空间及环菱荡湾的开放空间和建筑界面，改造不协调建筑，塑造宜人的具有历史气息的滨水空间。

保护和提升陈妃水冢周边的临水绿化界面，栽植绿化植被以还原旧时历史氛围。

**5.传统风貌保护与整治**

**1）风貌体系保护**

根据体现历史镇区传统风貌和提高观赏性的原则，确定景观点、观景点和景观视廊，控制历史镇区建筑高度，保护以陈妃水冢、莲池禅院、溥济桥、十眼桥等标志性建（构）筑物

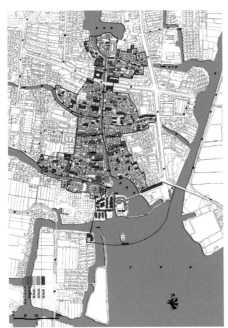
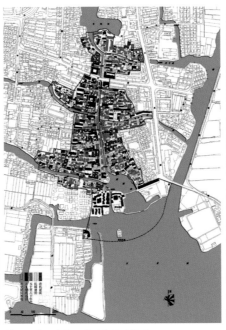

锦溪古镇历史镇区建筑质量现状图　　　　锦溪古镇历史镇区建筑年代现状图　　　　锦溪古镇历史镇区建筑高度现状图

为节点，以市河为基础的"王"字形水道、上、下塘街历史轴线（即以水冢和五保湖为核心的向古镇区放射的各条水体和空间轴线）为线，以菱荡湾及周边以黑、白、灰为特点的古镇建筑肌理和色彩基调为面的整体风貌体系。

**2）景观视廊控制要求**

水冢、莲池禅院为主要景观点，溥济桥、十眼桥等为主要观景点，控制观景点与景观点之间的景观视廊。

保持景观视廊内的视线通畅，整治景观视廊内与传统风貌不协调的建筑。

**3）建筑高度控制**

文物建筑和历史建筑保持原有高度，文物保护建筑控制地带内的建筑高度不超过文物本体建筑高度。

景观视廊内的建筑高度以实际视觉效果控制，以不改变视廊内的传统建筑轮廓线为原则。

历史文化街区内的建筑高度维持现有历史建筑高度或与原高度相协调，为一、二层坡屋顶建筑，考虑到古镇区内河道的尺度以及传统巷道（一般为1.5～4m）的宽度，同时依据锦溪及本区域相临其他类似古镇的实测数据，规划确定一层檐口高度不超过3m，二层檐口高度不超过5.4m，屋顶坡度不应超出25°～30°。

历史镇区内、历史文化街区以外地区改建、新建建筑的建筑高度控制不超过三层，檐口高度不超过9m，重点部位不超过二层，檐口高度不超过5.4m，所有建筑屋顶坡度不应超出25°～30°。

以上规定的区域出现重叠时，应以建筑高度控制更为严格的条款执行。

**4）建筑外部形态控制**

历史镇区范围内建筑以黑、白、灰为主色调，严禁使用玻璃幕墙、不锈钢、琉璃瓦等现代外装饰材料；现有建筑与传统色彩冲突的需要逐步整治。新建住宅、公建应采用坡屋顶，现有平顶带水箱的建筑，要有步骤地"平改坡"，建筑体量不宜过大，并尽可能多采用具有锦溪地方特色的建筑语言和符号。

各种修建活动应以修缮、改善为主。其建设内容应服从对传统民居的保护要求，以保护其视线所及范围内的完整的传统风貌及环境特色。

5）环境设施的控制

保护历史镇区内传统招牌形式，店招、广告牌、指示牌、路灯、公用电话、果皮箱等环境设施的形式、色彩、风格等需与古镇历史风貌相协调。

6.用地调整

1）用地结构与布局

结合古镇发展实际情况，规划增设混合用地（商业或文化用地）与商住用地（商业与住宅混合），使古镇未来发展保持足够的用地弹性和兼容性。

结合展示利用规划，在保持上下塘街沿线传统商业功能的基础上，对锦溪古镇商业功能布局进行统筹调整，调整重点为长寿路、上下塘街及环菱荡湾区域，在增加文化休闲功能的同时逐步调整商业业态，由以服务游客为主转向为居民、游客服务兼顾，培育综合的文化休闲服务功能。

保留古镇前店后宅的传统模式，沿街商业用房之后保留居住功能，并允许适度功能混合，对一些保护较好的院落重新利用为商业服务、文化博览，民俗展示等，形成一个传统商业街与传统生活区有机交融的用地结构。

2）调整措施

在上下塘街两侧设置特色商品以及小型特色餐饮为主的服务设施，并辅以休闲茶室、戏曲茶楼等商业文化设施。对部分传统建筑适当进行功能置换，增加商业服务和文化休闲配套设施。

保留原有街巷格局和尺度，适当拓宽和增加支路；在古镇各个方向道路的入口处适当设置广场或停车场。在古镇区内道路均衡布置小型的街头广场和绿地，多布置在道路交叉口处或是历史遗迹处，改善古镇区内的居住与旅游环境。

增加古镇内有关社区用地（如社区活动中心）和市政公用设施用地，为改善居民生活水平提供土地和设备保障。

7.历史镇区周边用地的控制与协调

1）规划用地结构："一心、三射、三极"

"一心"即以陈妃水冢、莲池禅院、菱荡湾及周边历史建筑为核心的陈妃历史文化核心；

"三射"即以陈妃历史文化核心为圆点的三条放射形功能发展轴，包括以熙攘水乡街市风情为特色的上下塘街功能发展轴、以恬淡水乡田园风光为特色的南大街功能发展轴、以浩渺渔家湖荡风景为特色的莲湖功能发展轴。

"三极"即分别位于三条放射形功能发展轴尽端的三个主要功能结点，上下塘街功能发展轴北端以界浦港为核心的都市环湖休闲区，南大街功能发展轴西端以通神道院和老粮库为核心的创意集市，莲湖功能发展轴南端以会展中心为核心的会展休闲服务区。

2）主要措施

保护以市河和现有水系为骨干的景观视廊，延续传统空间格局。

为保护陈妃水冢周边的自然和历史环境，在其周边划定一定的风貌协调区，建筑高度控制在三层以内，建筑功能及建筑风格应与历史镇区相协调，同时应尽可能多种植绿化以恢复有关历史氛围。

控制文昌路沿线的建筑高度及风格，在历史镇区与新镇区之间形成有机过渡。

保留、改造或迁出历史镇区外围与古镇功能和风貌不相符合的行政办公、文化科技、医疗、教育机构等设施。将医院迁出古镇区，在新镇区选址建设。迁出历史镇区外围现有的小学，改建成为服务于当地社区的社区活动中心。

迁出历史镇区外围与古镇功能不符的工厂，改造为居住用地；迁出粮站并对其进行保护与整治，作为创意文化市场和展示区，对外开放。

加强历史镇区南侧环五保湖区域的旅游文化休闲服务功能。

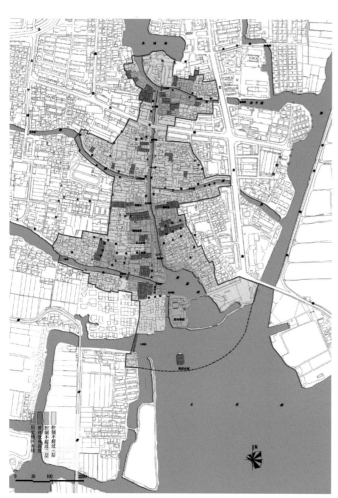

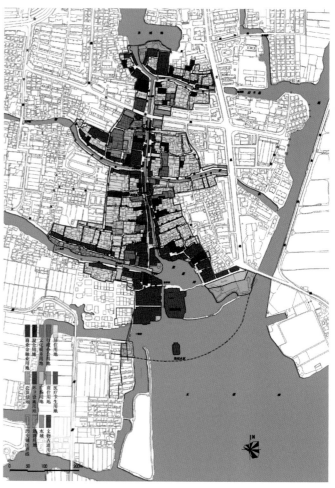

锦溪古镇历史镇区建筑高度控制规划图　　　　　　　　锦溪古镇历史镇区土地利用规划图

## ■ 三、历史文化街区保护

### 1. 保护范围

#### 1）上下塘街历史文化街区

沿市河及上塘街、下塘街向两侧延展，包括环菱荡湾区域，南至环菱荡湾区域及陈妃水冢，东至文昌路一线，西至三图桥，北至庆丰桥，主要包括沿市河及沿上塘街、下塘街两侧的建筑、院落及古桥、埠头等保护要素，总面积5.36hm²。

#### 2）天水街历史文化街区

位于长寿路以北沿市河区域，北至界浦港，南至红木桥，东至具庆桥，总面积1.51hm²。

### 2. 保护措施

保护历史文化街区以市河为基础的"王"字形水道，独特的河街相间、傍水而居的"鱼骨状"空间格局，包括市河河道、古桥、码头、历史街巷格局以及两侧的历史建筑及环境等。

保护、延续街区的整体风貌，保护街区的空间肌理、街巷比例和建筑布局，保护以黑、白、灰为特点的古镇建筑肌理和色彩基调。保护与街区历史风貌有密切关系的河道、驳岸、古井、古树、路面铺装等历史环境要素。果壳箱、垃圾箱、公厕、招牌、路灯、小品等应有地方特色。

古镇区道路系统要保持或延续原有的道路格局；对传统历史街巷，应保持原有的空间尺度、走向及地面材料；加强街巷环境整治和维护，禁止任何新建建（构）筑物挤占街巷空间。

适当加强古镇区的文化和旅游休闲功能，并增加与之相关的文化设施、与旅游服务配套的休闲设施、商业设施与娱乐设施等。应逐步搬迁主要文物古迹和历史建筑内的居民，在保护好历史价值的前提下有序利用，可以辟为与古镇整体功能相适应的商业服务、文化博览、民俗展示等各类历史文化展示和社区文化活动场所。

改善历史文化街区的公用设施，提高街区整体环境品质。

## ■ 四、历史文化遗存保护

### 1.文物保护单位保护

2处省级文物保护单位，12处市（县）级文物保护单位。

**锦溪古镇文物保护单位**

| 名称 | 保护等级 | 建造年代 | 类型 | 使用情况 | 公布时间 | 地址 |
|------|----------|----------|------|----------|----------|------|
| 祝甸古窑群址 | 江苏省级 | 清及民国 | 古建筑 | 部分使用 | | 祝甸村 |
| 陈墓区公所 | 江苏省级 | 民国 | 古建筑 | 未开放 | 2010年5月 | 下塘街 |
| 通神道院 | 昆山市级 | 元代 | 古建筑 | 未开放 | 1991年 | 南大街 |
| 文昌阁 | 昆山市级 | 清代 | 古建筑 | 对外开放 | 1991年 | 莲池禅院内 |
| 溥济桥 | 昆山市级 | 明代 | 桥梁 | 对外开放 | 1997年 | 镇区内 |
| 古内河水道 | 昆山市级 | 明清 | 古建筑 | 对外开放 | 1997年 | 镇区 |
| 十眼桥 | 昆山市级 | 清代 | 桥梁 | 对外开放 | 1997年 | 镇区内 |
| 丁宅 | 昆山市级 | 清代 | 古建筑 | 对外开放 | 1997年 | 上塘街 |
| 陈妃水冢 | 昆山市级 | 宋代 | 古建筑 | 对外开放 | 1997年 | 五保湖中 |
| 天水桥 | 昆山市级 | 明代 | 桥梁 | 对外开放 | 2004年 | 镇区 |
| 里河桥 | 昆山市级 | 清代 | 桥梁 | 对外开放 | 2004年 | 镇区 |
| 夏太昌宅 | 昆山市级 | 清代 | 古建筑 | 未开放 | 2010年5月 | 上塘街 |
| 陈三才故居 | 昆山市级 | 清代 | 古建筑 | 未开放 | 2010年5月 | 下塘街 |
| 朝阳桥 | 昆山市级 | 现代 | 桥梁 | 开放 | 2010年5月 | 祝甸村 |

### 2.控制保护建筑保护

**锦溪古镇控制保护建筑**

| 名称 | 年代 | 级别 | 类别 | 地址 |
|------|------|------|------|------|
| 普庆桥 | 始建于1733年，乾隆年间重修 | 昆山市级控保建筑 | 石桥梁 | 上塘街 |
| 王宅 | 建于民国初年 | 昆山市级控保建筑 | 古建筑 | 下塘街 |
| 杨宅 | 始建于清末民初 | 昆山市级控保建筑 | 古建筑 | 锦溪街 |
| 酒作坊 | 始建于清朝末期 | 昆山市级控保建筑 | 古建筑 | 三图街 |

### 3.推荐历史建筑

镇域范围内具有一定保护价值，能够反映古镇历史风貌和锦溪地方特色，未公布为文物保护单位，也未登记为不可移动文物的建筑物、构筑物，建议由市政府公布为历史建筑，共22处。

此外，通神道院附近的粮食仓库为一典型的现代工业遗产，应加以妥善保护和利用并用来发展文化创意产业。

### 4.历史环境要素保护

#### 1）桥梁、码头

保护十眼桥、里和桥、天水桥和溥济桥、朝阳桥5处文物保护单位，保护与恢复古内河水道上的普庆桥、中和双桥、具庆桥、众安桥、青龙桥等13处现存古桥。整治桥头开放空间，形成重要的景观节点。逐步整修历史镇区内其他现有与古镇风貌不协调的桥梁。

保护市河两岸的老码头、河埠头原貌，按照传统形式、材料整治驳岸、踏足。

#### 2）古井

结合历史环境整治，保留和保护历史文化街区内的9座古井，保护原有井圈，整治周边环境

| 名称 | 时代 | 类别 | 名称 | 时代 | 类别 |
|---|---|---|---|---|---|
| 梅园弄2—7号 | 清代 | 古建筑 | 府东里2号 | 清代 | 古建筑 |
| 三贤街30号 | 民国 | 古建筑 | 牌楼里12—19号 | 民国 | 古建筑 |
| 俞家角1号 | 民国 | 古建筑 | 牌楼里21—5号 | 民国 | 古建筑 |
| 上塘街75—77号 | 民国 | 古建筑 | 丁家弄1号 | 民国 | 古建筑 |
| 榴园 | 清代 | 古建筑 | 王家宅（天水街1号） | 清代 | 古建筑 |
| 柿园 | 清代 | 古建筑 | 大有里、翠龙堂 | 民国 | 古建筑 |
| 求德堂10号 | 清代 | 古建筑 | 杨家弄（南大街32号） | 清代 | 古建筑 |
| 上塘街55、56号 | 清代 | 古建筑 | | | |
| 庆丰里 | 民国 | 古建筑 | 天禄弄1号 | 民国 | 古建筑 |
| 蔡家场10号 | 民国 | 古建筑 | 南大街4—6号 | 民国 | 古建筑 |
| 金石人家篆刻馆 | 民国 | 古建筑 | 太源里3—9号 | 民国 | 古建筑 |
| | | | 锦溪街26、27号 | 民国 | 古建筑 |

卫生，保护水体不受污染。强化井台铺地，可通过加强绿化、增加休憩设施等方法形成景观节点或街头广场。

### 3）古树名木

严格保护镇区登记的11株古树名木，不得砍伐、移栽。10年树龄以上的树木不得砍伐。

# 五、非物质文化遗产保护

## 1.保护内容

继承和弘扬优秀的地方文化艺术，保护锦溪镇各类、各级非物质文化遗产。

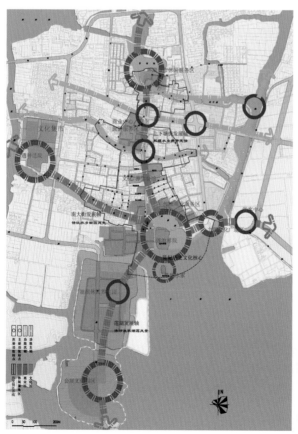

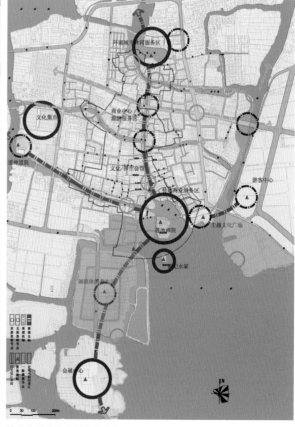

锦溪古镇总体功能结构分析图 　　　　　锦溪古镇总体空间结构分析图

保护具有地方特色的传统戏曲、传统工艺、传统产业、民风民俗等口述和其他非物质文化遗产。优先为保护非物质遗产提供文化展示、社区服务、科学研究、旅游休闲的设施场所。

**锦溪古镇非物质文化遗产代表作名录**

| 类别 | 项目名称 | 级别 | 时间 |
| --- | --- | --- | --- |
| 曲艺 | 锦溪宣卷 | 苏州市非物质文化遗产名录 | 2009年 |
| 传统技艺 | 古砖瓦制作技艺 | 昆山市非物质文化遗产保护项目 | 2010年 |

### 2.保护措施

按照"保护为主、抢救第一、合理利用、传承发展"的方针，深入开展非物质文化遗产普查工作，进行真实、系统、全面的记录，建立档案和数据库。

保护、培养非物质文化遗产的传承人，有条件的非物质文化遗产传承可以与基础教育相结合，强化非物质文化遗产保护和传承的群众基础；举办非物质文化遗产节庆和竞赛活动，增强非物质文化遗产的影响力。

积极继承和利用非物质文化遗产，使其适应现代发展的需要，与本地居民生活和游客活动结合，开发非物质文化遗产为主要内容的旅游活动。结合历史镇区的整治，对沿传统街巷建筑进行功能置换，布置有关展示、表演场所，为传统文化提供适宜的空间，增强非物质文化遗产的生命力。

其他措施参照《江苏省非物质文化遗产保护条例》及相关法律法规执行。

## ■ 六、历史文化资源利用

### 1.建筑遗存的利用

在对各级文保单位、控保建筑和历史建筑积极保护的基础上，进行功能的完善和提升，结合历史功能和文化特色，打造富有人文气息、承载核心历史信息的公共空间，建立以博物馆、展览馆、纪念馆等为主的历史文化展示空间体系。保护和利用通神道院附近的粮食仓库这一现代工业遗产，发展文化创意产业。

加强传统建筑和民居的修缮，从增强历史镇区活力和增加历史镇区居民收入的角度，鼓励土地混合使用，拓展多种使用功能。同时，结合建筑改造增加有关配套设施，改善居住环境。

### 2.历史典故的挖掘

充分挖掘历史文化资源，如陈妃水冢的历史文化价值，锦溪作为名士之乡的历史传统等作为现有历史遗存的补充，提升历史镇区的历史文化价值，推动文化旅游产业的发展。

### 3.文化传统的传承与宣扬

利用锦溪现存众多的文化传统、表演艺术，开展多种文化推广活动，加强对外宣传，增强锦溪历史文化的影响力，形成以砖窑文化、水冢文化、名人文化、民俗文化、水乡风情为主题的旅游产品体系。充分利用河网水系，以五保湖为核心整合古镇、古村及镇域河道、农业空间等资源，完善水上风情线路。

### 4.产业发展与特色旅游结合

依托历史资源，合理发展旅游产业、文化产业和传统手工业。挖掘非物质文化遗存的资源，开发特色纪念品、手工艺品和特色美食等。在历史街区内恢复以销售特色纪念品、手工艺品和特色美食为主的老字号，依靠旅游带动文化产业和传统手工业的发展。

## ■ 七、展示线路组织

### 1.陆上线路

近期：陈妃水冢与菱荡湾应是锦溪古镇的核心与景观序列高潮所在，因此建议将游客主

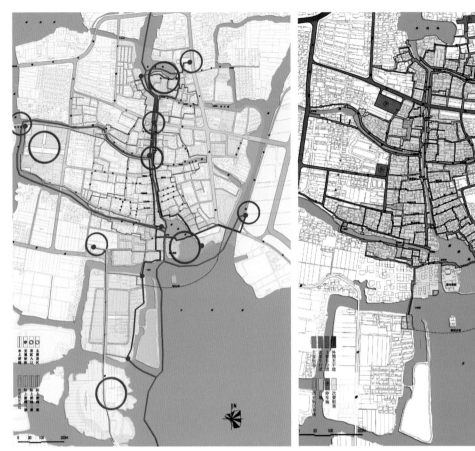

锦溪古镇旅游系统规划图　　　　　　　　　锦溪古镇历史镇区道路交通规划图

入口放在环界浦港区域，以都市环湖休闲区作为景区近期的主入口，这样可以从根本上理顺锦溪的旅游线路问题，从而形成更为完整的由放（都市环湖休闲区）—收束（上下塘街）—高潮（陈妃水冢与菱荡湾）的序列完整、节奏清晰的空间景观序列。

中期：可加入通神道院及由粮库改建而成的创意集市从而形成一个环线，串联包括菱荡湾、上下塘街、界浦港、通神道院、创意集市、南大街、环五保湖休闲区等主要景观区域，使游客身处其中，全方位体验锦溪水乡风情。

远期：未来锦溪应以环五保湖休闲区为主要发展区域，而以古镇和上下塘街为辅助，此时应新增从十眼桥以西直接进入环五保湖休闲区的入口，从而与古镇景区互为补充，相得益彰。

**2. 水上线路**

水上展示路线主要依托古内河水道进行，与陆上线路的发展阶段基本一致，主要通过几个游船码头与陆上线路进行对接，以水上线路为依托的水文化挖掘应是未来锦溪发展的重点。

规划编制单位：上海同济城市规划设计研究院